Ken Blanchard / Jesse Stoner
Das große Ziel vor Augen

Meinen Kindern Michael und Noah
*Jesse Stoner*

und meinen Enkeln Kurtis und Kyle
*Ken Blanchard*

gewidmet, die unseren eigenen persönlichen
Visionen Tiefe verliehen haben

Ken Blanchard

Jesse Stoner

# Das große Ziel vor Augen

›Volle Kraft voraus‹ mit
zielgerichteten Visionen

Aus dem Amerikanischen
von Ingrid Proß-Gill

Die Originalausgabe erschien 2003 unter dem Titel
»Full Steam Ahead« bei Berrett-Koehler Publishers, Inc.,
San Francisco, CA, USA. Alle Rechte vorbehalten.


Bibliografische Informationen der Deutschen Bibliothek

Die Deutsche Bibliothek verzeichnet diese Publikation in
der Deutschen Nationalbibliografie; detaillierte bibliografische Daten sind im Internet über http://dnb-d-nb.de
abrufbar.

ISBN 978-3-89749-764-1
2. Auflage 2007
Frühere Ausgabe unter dem Titel »Full Steam Ahead – volle Kraft voraus«

Projektleitung: Ute Flockenhaus, Fischerhude
Lektorat: Dr. Michael Madel, Ruppichteroth
Umschlaggestaltung: Koemmet Agentur für
Kommunikation, Wuppertal
www.koemmet.com
Umschlagfoto: bildhaft München/Jörg Koopmann
Satz und Layout: Das Herstellungsbüro, Hamburg
Druck und Bindung: Salzland Druck, Staßfurt

www.gabal-verlag.de

# Inhalt

# Vorwort

Eine Vision führt zu Konzentration, gibt die Richtung vor und entfesselt Kräfte. Sie erlaubt es Ihnen, sich *volle Kraft voraus* zu bewegen!

Der Ausdruck »volle Kraft voraus« stammt aus der Zeit der Dampfschiffe; damals besagte er, dass die leistungsfähigsten Schiffe sich mit voller Kraft vorwärts bewegten. Heute bedeutet er, dass der Mensch sich über seinen Zweck klar ist, sich für ihn engagiert und sich seiner Fähigkeit, diesen Zweck zu erreichen, sicher ist – so sehr, dass man trotz aller Hindernisse die nötigen Schritte unternehmen kann. In unserem Buch beschreibt *Volle Kraft voraus!* die Auswirkungen einer klaren Vision: Man weiß, wer man ist, wohin man geht und was die Reise leiten wird, und setzt seine ganze Kraft dafür ein, sich vorwärts zu bewegen. Damit Organisationen alle Kräfte mobilisieren können, müssen ihre Führungskräfte wissen, wie man eine klare und verbindliche Vision entwickeln kann, die die Hoffnungen und Träume der Menschen in der Organisation verkörpert. Im Führungsprozess geht es immer darum, bestimmte Ziele zu erreichen. Wahre Führung aber muss im Dienst einer gemeinsamen Vision stehen.

Unsere Arbeit mit Organisationen auf der ganzen Welt hat uns gezeigt, weshalb die meisten Manager keine Führungspersönlichkeiten sind: Sie haben keine klare Vision, in deren Dienst sie sich stellen können. Nicht einmal zehn Prozent der von uns besuchten Organisationen hatten einen klaren Zweck, verfügten über Sinn stiftende Wertvorstellungen oder ein Bild von der Zukunft. Mit anderen Worten: Über 90 Prozent der Organisationen hatten keine klare Vorstellung davon, wohin sich die Organisation und die für sie tätigen Menschen entwickeln sollten.

Die meisten Menschen, mit denen wir sprechen, sind der Ansicht, dass es wichtig ist, eine Vision zu haben. Sie wissen, dass das Fehlen einer klaren Vision dazu führt, dass sie sich mit Dingen beschäftigen müssen, die Zeit kosten, sie nur aufhalten und einen großen Teil ihrer Energie verbrauchen. Und ihnen ist zwar klar, dass es sich negativ auswirkt, wenn man keine Vision hat. Doch andererseits wissen sie nicht so recht, wie man eine Vision entwickelt.

Natürlich gibt es viele Organisationen, die bereits eine Vision formuliert haben – doch sie müssen immer wieder feststellen, dass sie nicht die erhofften Konsequenzen nach sich zieht. Woran liegt das? Vielleicht hängt sie gerahmt an einer Wand, bietet aber keine Anleitung oder (und das ist noch schlimmer) hat nichts mit der wirklichen Situation der Organisation zu tun.

Falls Sie selbst noch nie eine Vision hatten oder schon einmal bei dem Versuch, eine zu entwickeln, gescheitert sind, kann Ihnen dieses Buch zum Erfolg verhelfen. Denn wir behandeln dieses scheinbar sehr komplexe Thema so, dass es einfach zu verstehen ist und sich die Entwicklung einer klaren Vision leicht in die Praxis umsetzen lässt.

*Volle Kraft voraus!* befreit die Vision von dem Geheimnis, das sie so oft umgibt, und zeigt, dass jeder in der Lage ist, sie zu entfalten – sowohl in der Organisation als auch im Privatleben. Es erklärt die drei Schlüsselelemente einer klaren Vision und beschreibt, wie man eine gemeinsame Vision entwickelt, die Energie und Kraft freisetzt. Der Prozess, den wir hier erläutern, hat etwas mit Ihrer Firma und deren geschäftlichen Zielen zu tun; er dient nicht bloß dazu, dass Sie sich »wohl fühlen«. Wir zeigen Ihnen einerseits, was mit Firmen und Personen passiert, die keine klare Vision haben – also die finanziellen, betrieblichen und persönlichen Auswirkungen einer unklaren Vision. Und andererseits schildern wir, wie Sie eine Vision für Ihre Firma, Ihre Abteilung, Ihre Familie und Ihr persönliches Leben entwickeln können. Sie werden auch sehen, was Sie jetzt, in Ihrer derzeitigen Situation, tun können, um eine Vision zu formulieren.

Der Inhalt dieses Buches ist das Ergebnis einer über 20-jährigen Beschäftigung und Erfahrung mit dem Prozess der Entwicklung einer gemeinsamen Vision in ganz verschiedenen Bereichen wie Gewerbe, Tourismus, Automobilbranche, Öffentlichkeitsarbeit, Einzelhandel, Gesundheitswesen, Regierungs-, Bildungs- und andere gemeinnützige Organisationen sowie Gemeindeverwaltungen. Den Menschen in diesen Organisationen haben wir viel gegeben, doch wir haben auch viel von ihnen gelernt, und so konnten wir den Prozess im Laufe der Jahre immer weiter verbessern.

Uns geht es aber nicht nur darum, wie man eine klare Vision entwickelt. Man muss nämlich auch dafür sorgen, dass es eine gemeinsame Vision ist, die von vielen getragen wird, dass sie mit Leben gefüllt wird und allen Beteiligten jeden Tag als Anleitung dient. Die Entwicklung einer Vision ist nicht immer im Handumdrehen zu leisten. Oft ist eine lange Reise notwendig. Wir wollen Ihnen helfen, diese oft lebenslange Reise zu wagen.

Wir hoffen, dass Sie, unsere Leser, hier ein paar praktische Denkanstöße erhalten, wie Sie eine Vision entwickeln können –

für Ihre Firma oder Abteilung, für Ihre Arbeit und für Ihr Leben. Diese Denkanstöße sind wie Goldkörnchen, die darauf warten, entdeckt zu werden, im ganzen Buch verteilt.

Dieses Buch zu schreiben hat uns viel Freude bereitet. Wir wünschen uns, dass es Ihnen ebenso viel Freude macht, es zu lesen und die darin enthaltenen Goldkörnchen zu entdecken – und dass Sie die hier vorgestellten Ideen und Konzepte in Ihrem Leben anwenden können, sodass Sie sich volle Kraft voraus bewegen!

*Ken Blanchard, Jesse Stoner*

# Ohne Abschied

Ich konnte es einfach nicht glauben! Den Wind, der mir ins Gesicht peitschte, spürte ich gar nicht. Ich war so tief in Gedanken versunken, dass ich auch die Kälte nicht empfand. *Ich kann einfach nicht glauben, dass er nicht mehr da ist ... dass ich mich nicht von ihm verabschieden konnte!* Eine Welt ohne Jim konnte ich mir einfach nicht vorstellen – und doch stand ich an diesem trüben Wintertag vor einem offenen Grab.

*Wie ist das nur möglich?*, fragte ich mich. Ich war überzeugt gewesen, dass Jim immer da sein würde, wenn ich ihn brauchte. Jetzt brauchte ich ihn – seinen Trost –, aber er war nicht da. Und ich sehnte mich so danach, mit ihm zu sprechen!

Ich betrachtete die anderen, die sich mit mir an seinem Grab versammelt hatten. Sie alle waren offenbar genauso erschüttert wie ich. Jim hatte uns allen sehr viel bedeutet. Es half mir sehr, dass ich nicht allein war.

Als Jims Tochter Kristen mit ihrer kleinen Ansprache begann, hörte ich ihr genau zu. Die vertrauten Worte beschrieben Jim so einfühlsam, dass ich beinahe seine Anwesenheit spüren konnte. Und da wurde mir klar, dass ich mir zwar allein vorkam – aber nicht einsam. Allein, ja, doch ich konnte fast fühlen, wie Jim mich tröstete.

»Jim Carpenter war ein liebevoller Lehrer und ein Beispiel für einfache Wahrheiten. Seine Lebensführung half ihm selbst und anderen, die Gegenwart Gottes in ihrem Leben zu wecken. Er war ein Kind Gottes, dem andere wichtig waren, er war Sohn, Bruder, Ehemann, Vater, Großvater, Schwiegervater, Schwager, Pate, Onkel, Cousin, Freund und Kollege, der sich bemühte, äußeren Erfolg und innere Bedeutsamkeit ins Gleichgewicht zu bringen. Er strahlte einen spirituellen Frieden aus, der es ihm erlaubte, liebevoll zu den Menschen zu sein und Projekte, die ihn von seinen Zielen abgelenkt hätten, gar nicht erst anzunehmen. Er war ein Mensch mit großer Energie, der an jedem Ereignis und jeder Situation das Positive sehen konnte. Was auch geschah: Er fand darin eine Lehre oder Botschaft. Jim Carpenter war jemand, der auf Gottes bedingungslose Liebe vertraute und fest glaubte, dass er wirklich ein geliebter Sohn Gottes war. Integrität war ihm wichtig, seine Handlungen standen im Einklang mit seinen Worten – und er war ein Golf-Ass. Er wird uns fehlen, denn überall, wo er hinging, machte er die Welt besser – einfach dadurch, dass er dort gewesen war!«

*Ein liebevoller Lehrer und ein Beispiel für einfache Wahrheiten* – wie treffend diese Ansprache doch beschrieb, wie Jim sein Leben geführt hatte! Sie erfasste das Wesen von dem, was er war. Ich lächelte vor mich hin, als mir klar wurde, wie gut sie sogar Jims Humor eingefangen hatte. Er hatte wirklich gern Golf gespielt, auch wenn er nie ein richtiges Ass gewesen war.

Nach der Zeremonie trat ich neben Kristen und umarmte sie.

»Das war eine wundervolle Ansprache!«

Sie seufzte und sagte: »Danke, Ellie, aber sie ist nicht von mir. Ich glaube, mein Vater hat sie geschrieben. Als ich an seinem Schreibtisch saß und damit beginnen wollte, eine Rede zu verfassen, entdeckte ich sie in der obersten Schublade. Ich finde, sie beschreibt ihn besser als alles, was mir eingefallen wäre.«

Sie schwieg ein paar Sekunden lang. »Ich weiß allerdings nicht, *warum* er sie geschrieben hat.«

Da wurde mir schlagartig klar, wieso die Worte so vertraut geklungen hatten.

»Aber ich weiß es!«, erwiderte ich leise. »Er hat sie mir gezeigt, als er sie geschrieben hatte. Es war seine Vision für sein Leben!«

Meine Gedanken reisten zehn Jahre zurück, zu einem ähnlich trüben Wintertag.

# Eine fremde Welt

In jenem Winter war der Himmel meistens grau und verhangen. Schnee fiel kaum, doch es herrschte klirrende Kälte, und die Sonne wagte sich nur selten hervor. Ich fühlte mich wie betäubt, denn ich stand auf der Schwelle zu einer fremden Welt. Mein Mann hatte mich verlassen – unsere Ehe, unsere Kinder und unser Leben! Eines Morgens hatte er verkündet, dass er gehen würde, und noch am gleichen Nachmittag war er tatsächlich fort.

Ich war erschüttert. Wieso hatte ich das nicht kommen sehen? Als ich mir nun die Hinweise ins Gedächtnis rief, die mir entgangen waren, kam ich mir sehr dumm vor. In den letzten Jahren war ich so mit den Kindern und dem Haushalt beschäftigt gewesen, dass ich kaum gemerkt hatte, dass Doug sich immer weiter von mir entfernte. Ich dachte, er habe einfach nur beruflich viel zu tun.

Die Scheidung war dann schnell gegangen. Mein Anwalt versicherte mir, dass eine für mich günstige Regelung getroffen worden sei. Er sagte: »Doug ist großzügig, weil er ein schlechtes Gewissen hat.« Trotzdem reichte das Geld nicht. Mit Mitte 30 musste ich mir eine Arbeit suchen und hatte nicht die leiseste Vorstellung, wo ich anfangen sollte. Bis dahin hatte meine Arbeit darin bestanden, Mutter, Ehefrau und ehrenamtlich tätig zu sein – Geld für den Unterhalt der Familie zu verdienen, war nicht meine Aufgabe gewesen. Und nun war anscheinend alles, was ich für selbstverständlich gehalten hatte, vorbei.

Meine Kinder waren inzwischen Teenager und brauchten mich nicht mehr so sehr wie früher. Ich fühlte mich ganz allein und von der Situation erdrückt. An manchen Tagen kam es mir schon wie eine große Leistung vor, überhaupt aufzustehen. Ich hatte einfach keine Kraft mehr.

Schließlich sagte eine Stimme irgendwo in meinem Inneren: *Mach einen Schritt nach dem anderen!* Ich wusste, dass ich als Erstes eine Geldquelle finden musste. Also dachte ich über meine Lage nach. Ich war intelligent, ich war die Beste in meiner Klasse gewesen; ich war Kassenwartin der Eltern-Lehrer-Vereinigungen an den Schulen meiner Kinder gewesen. Ich hatte aushilfsweise die Buchhaltung für die Schulbücherei übernommen und machte unsere Steuererklärung. Außerdem bezahlte ich unsere Rechnungen – pünktlich! Und ich schrieb gern – aber wer konnte sich ohne »richtige« Ausbildung schon mit Schreiben seinen Lebensunterhalt verdienen? Und ich hatte ein paar Semester Betriebswirtschaft studiert.

Jeden Sonnabend sah ich die Stellenanzeigen in unserer Zeitung gründlich nach geeigneten Angeboten durch und gab mich dabei meinem Elend hin. So fand ich schließlich meine erste Stelle – in der Buchhaltung einer mittelgroßen Versicherungsagentur. Ich kleidete mich angemessen ein und bereitete mich darauf vor, diese fremde Welt zu betreten.

Mein erster Tag verlief besser, als ich erwartet hatte. Eine freundliche Frau namens Marsha – die auch das Vorstellungsgespräch mit mir geführt hatte – begrüßte mich in der Agentur und sagte, ich sei ihr unterstellt. Sie führte mich erst durch die Abteilung, dann durch das ganze Haus und erklärte mir schließlich, was ich zu tun hatte. Meine Aufgabe bestand darin, steuerrelevante Informationen zu sammeln und bei der Anfertigung der Steuererklärungen für die Behörden zu helfen.

Marsha sagte, ich solle mich langsam einarbeiten, und das beruhigte mich. Ich hatte das Gefühl, dass ich mein Leben nun langsam in den Griff bekam. Ich konnte es gar nicht erwarten zu erfahren, worin meine Arbeit bestehen würde, meine Kollegen kennen zu lernen und meinen eigenen Arbeitsplatz zu bekommen – samt Schreibtisch, Computer und Voicemail! Die Voicemail enthielt sogar schon eine Botschaft für mich:

*Guten Morgen euch allen! Hier ist Jim. Abraham Lincoln soll oft heimlich das Weiße Haus verlassen haben, um sich in der Presbyterianerkirche in der New York Avenue die Predigten von Dr. Finnes Gurley anzuhören, und zwar immer am Mittwochabend. Ihm lag daran, dass er unbemerkt kommen und gehen konnte. Wenn Dr. Gurley wusste, dass der Präsident kam, ließ er die Tür seines Arbeitszimmers auf.*

*Eines Abends schlüpfte Lincoln wieder einmal durch eine Seitentür herein und setzte sich in das Arbeitszimmer des Geistlichen, das gleich hinter dem Altar lag. Er schloss die Tür nicht ganz, sodass er die Predigt verfolgen konnte.*

*Auf dem Heimweg wurde der Präsident von einem seiner Mitarbeiter gefragt, wie ihm die Predigt gefallen habe. Er antwortete nachdenklich: »Der Inhalt war ausgezeichnet; Dr. Gurley trug die Predigt sehr schön vor, und er hatte offensichtlich gründlich an der Botschaft gearbeitet.«*

*»Dann finden Sie, dass es eine hervorragende Predigt war?«*

*»Nein!«, antwortete Lincoln.*

*Das konnte sein Mitarbeiter nicht verstehen. »Aber Sie haben doch gesagt, dass der Inhalt ausgezeichnet war. Er trug die Predigt gekonnt vor, und sie zeigte, dass er hart gearbeitet hatte!«*

*»Ja, das stimmt!«, entgegnete Lincoln. »Aber das Wichtigste hat Dr. Gurley vergessen! Er hat uns nicht aufgefordert, etwas Großes zu tun.«*

*Ich glaube, dass an einem durchschnittlichen Leben und durchschnittlichen Leistungen nichts auszusetzen ist – das meiste, was in der Welt gut ist, beruht auf der Summe der Bemühungen ganz alltäglicher Menschen. Trotzdem sollten wir in unserem Leben nach Größe streben, und Lincoln schien das zu wissen.*

An diese Botschaft erinnere ich mich noch ganz genau – ich habe sie mir sogar aufgeschrieben! Ich hatte an meinem ersten Vormittag nämlich nicht viel zu tun und dachte, das wäre eine gute Übung für mich. Außerdem war ich neugierig geworden. Wer war Jim, und wieso enthielt meine Voicemail seine Botschaft? So etwas hatte ich in der Geschäftswelt nicht erwartet.

Marsha lud mich und ein paar andere aus der Buchhaltung zum Mittagessen ein. Wir unterhielten uns über ein anstehendes großes Projekt, das Wetter und unsere Familien. Allmählich hatte ich das Gefühl, dass es mir gefallen würde, für diese Firma zu arbeiten. Ich wollte dort sein! So gut hatte ich mich schon lange nicht mehr gefühlt, auch nicht, als Doug noch bei uns war.

Nach der Botschaft in meiner Voicemail fragte ich nicht; zum einen dachte ich bald gar nicht mehr daran, und zum anderen sollte es nicht so aussehen, als ob ich mich in der Geschäftswelt nicht auskennen würde.

Der Nachmittag verging schnell. Als ich nach Hause fuhr, blickte ich zum ersten Mal seit langer Zeit mit Hoffnung in meine Zukunft.

In den nächsten Tagen stürzte ich mich förmlich in die Arbeit. Ich wollte möglichst schnell alles lernen, damit man mich in der Firma akzeptierte. Es wurde Freitag, und ich hatte immer noch niemanden wegen der Botschaften in meiner Voicemail gefragt. Doch ich war jeden Tag gespannt auf die kurze Botschaft, die mit den Worten »Guten Morgen euch allen! Hier ist Jim« begann. Und wenn ich ein paar freie Minuten hatte, schrieb ich sie mir jedes Mal auf – vor allem, damit es so aussah, als ob ich beschäftigt war, wenn jemand an meinem Arbeitsplatz vorbeiging.

Die Botschaften waren sehr ungewöhnlich. Es waren keine Nachrichten, sie schienen eher eine Mischung aus Geschichten, einer persönlichen Philosophie und Informationen über Ereignisse im Leben der Mitarbeiter zu sein. Eine fing beispielsweise so an:

> ▦ *Guten Morgen euch allen! Hier ist Jim. Gestern ist Sue Mason, eine der Damen an unserer Rezeption, erfolgreich operiert worden, doch man hat Krebs bei ihr festgestellt. Die Ärzte glauben, dass sie das meiste entfernen konnten, aber sie braucht trotzdem eine Chemotherapie. Wir wollen für sie beten und ihr Energie und positive Gedanken senden.*

Ich hatte Sue zwar noch nicht kennen gelernt, schickte ihr aber trotzdem ein paar positive Gedanken. Das konnte ja schließlich nicht schaden! Ich hatte mich immer noch nicht nach den Botschaften erkundigt; irgendwie schien nie der richtige Zeitpunkt dafür zu sein, und außerdem war es ein kleines Geheimnis geworden – etwas, auf das ich mich jeden Tag freuen konnte. In meinem Leben hatte es schon lange keine Geheimnisse mehr gegeben!

Als ich am Freitag nach Hause kam, dachte ich über das nach, was ich erlebt hatte. Den größten Teil der Woche war ich aufgeregt und ängstlich gewesen. Die Arbeit war anstrengend, aber längst nicht so belastend wie die Trostlosigkeit, die mich zu Hause gefangen hielt. Sobald ich das Haus betrat, verschwand die ganze Energie, die ich während der Arbeit verspürt hatte. Alex und Jen waren über das Wochenende bei ihrem Vater. Und wenn sie da waren, schienen sie mich kaum zu brauchen. Sie waren 15 und 13 Jahre alt und hatten stets ihre eigenen Pläne, in denen ich eigentlich nur als »Taxifahrerin« vorkam. Vor gar nicht so langer Zeit war ich eine Ehefrau und Mutter gewesen – jetzt war ich nicht sicher, wer ich war. Am Sonnabend und am Sonntag blieb ich lange im Bett liegen und saß danach trübsinnig herum. Ich fühlte mich nutzlos und sehnte den Montag herbei.

# Ein Neuanfang

Am Sonntagabend freute ich mich wirklich darauf, endlich die Trübsal dieses schrecklichen Wochenendes hinter mir zu lassen und wieder zur Arbeit zu gehen. Das Problem war nur, dass ich nicht einschlafen konnte. Nach einer Nacht, in der ich mich stundenlang hin und her geworfen hatte, wachte ich schon um halb sechs auf. Was sollte ich tun? Alex und Jen übernachteten bei ihrem Vater. Der Gedanke, aufzustehen und mich ganz allein in dem leeren Haus aufzuhalten, war nicht verlockend. Doch dann hatte ich eine Idee: Ich konnte ja jetzt sofort in die Firma fahren! Dieser Gedanke verlieh mir sofort mehr Energie. Man hatte mir ein Projekt übertragen – wenn ich meine Arbeit gut machte, konnte ich meine Fähigkeiten unter Beweis stellen. *Warum sollte ich also nicht sofort damit anfangen?* Ich zog mich schnell an und stand um ungefähr halb sieben vor der Firma.

Ich hatte gar nicht daran gedacht, dass das Gebäude abgeschlossen sein könnte. Schließlich fand ich an der Rückseite des Gebäudes eine Tür, die offen stand. Ganz wohl war mir nicht. Viele der Menschen, die dort arbeiteten, kannte ich noch gar nicht, und ich wollte ja schließlich nicht wegen Hausfriedensbruch verhaftet werden.

Die Tür führte auf einen Korridor, der vom Duft frischen Kaffees erfüllt war. Er kam aus einem Zimmer, in dem ein paar Kopierer standen. Zu meiner Freude fand ich die Kaffeemaschine gleich neben der Tür. Der Kaffee duftete so wunderbar, dass ich mir eine Tasse einschenkte. Gerade, als ich anfing, mich zu entspannen, hörte ich hinter mir plötzlich ein Räuspern. Vor Schreck fuhr ich herum und verschüttete meinen Kaffee. Ich hatte gar nicht gesehen, dass an einem kleinen Tisch an der Rückwand des Zimmers, hinter den Kopierern, ein Mann saß. Er allerdings hatte mich offensichtlich bemerkt. Er hielt eine Tasse Kaffee in der Hand und schien mich schon eine ganze Weile beobachtet zu haben. Ich hatte den Eindruck, dass er mich mit einem selbstgefälligen Lächeln aussah – ein Gesichtsausdruck, den ich nur zu gut von Doug kannte, wenn er mich bei einem Fehler ertappt hatte.

Aus alter Gewohnheit ging ich in die Offensive. »Wer sind Sie? Warum haben Sie mir nicht gesagt, dass Sie hier sind? Ich hätte mich verbrennen können, als Sie mich so erschreckt haben!«

Seine Antwort war: »Haben Sie sich auch nicht verbrüht?« Das klang aufrichtig. Ich betrachtete den Mann genauer. Sein Lächeln war gar nicht selbstgefällig! Und so intensive blaue Augen hatte ich noch nie gesehen. Sie schienen direkt in mein Innerstes zu blicken ...

Der Mann lud mich ein, eine Tasse Kaffee mit ihm zu trinken.

Ich wischte den verschütteten Kaffee auf, holte mir dann neuen und setzte mich zu ihm.

»Ich bin neu hier!«, erklärte ich. »Ich wollte früh da sein, um schon mit der Arbeit anzufangen, und das war die einzige offene Tür.«

Ich hielt ihn für einen Wachmann oder etwas Ähnliches, doch irgendwie spielte es keine Rolle, wer er war. In seiner Gegenwart fühlte ich mich sofort so wohl, dass einfach alles aus mir hervorsprudelte. Ich erzählte ihm von meiner gescheiterten Ehe. Von dem Schock, als ich herausfand, dass Doug schon seit drei Jahren eine Affäre mit unserer Nachbarin Diane hatte. Dass er uns verlassen hatte, und dass meine Kinder mich nicht zu brauchen schienen. Wie nervös ich wegen meines ersten richtigen Jobs gewesen war; dass ich möglichst schnell alles lernen wollte; dass ich ehrenamtlich an den Schulen meiner Kinder arbeitete und fast nie ausging ... Ich muss ungefähr 20 Minuten lang wie ein Wasserfall geredet haben.

Plötzlich merkte ich, wie unhöflich ich war. Ich hatte ihn überhaupt nicht zu Wort kommen lassen – ich kannte nicht einmal seinen Namen! »Entschuldigen Sie! Sie sind ein so guter Zuhörer, dass ich das Gespräch total an mich gerissen habe. Ich weiß nicht einmal, wie Sie heißen!«

Er musterte mich mit seinen blauen Augen und grinste.

»Ich heiße Jim und leite diese Agentur. Es war mir ein Vergnügen, Sie kennen zu lernen und etwas über Ihr ereignisreiches Leben zu erfahren. Jetzt muss ich mich aber an die Arbeit machen!« Er stand auf und ging – und ich blieb sprachlos und wie betäubt zurück.

Als ich später meine Voicemail abhörte, enthielt sie wieder eine Botschaft:

*Guten Morgen euch allen! Hier ist Jim. Es ist kurz nach sieben. Heute morgen habe ich mit Ellie gesprochen, unserer neuen Mitarbeiterin in der Buchhaltung; dabei habe ich mich an eine Geschichte erinnert, die ich euch gern erzählen möchte.*

*Eines Tages sprach ein Experte für Zeitmanagement mit einer Gruppe von Leuten. Er stellte einen riesigen Krug vor sich auf den Tisch. Dann holte er zwölf faustgroße Steine hervor und legte sie nach-*

*einander in den Krug. Als der Krug bis oben gefüllt war und keine Steine mehr hineinpassten, fragte er: »Ist dieser Krug voll?«*

*Alle antworteten im Chor: »Ja!«*

*Da griff er unter den Tisch und zog einen Eimer mit Kieselsteinen hervor. Er schüttete einige von ihnen in den Krug und schüttelte ihn, sodass sie nach unten rutschten, zwischen die großen Steine. Dann fragte er die Gruppe erneut: »Ist dieser Krug voll?«*

*Dieses Mal waren sich einige Leute nicht so sicher.*

*»Gut!«, sagte er, langte wieder unter den Tisch, zog einen Eimer Sand hervor und kippte einen Teil davon in den Krug. »Ist dieser Krug voll?«*

*Niemand antwortete.*

*Nun ergriff er eine Flasche mit Wasser und goss es in den Krug, bis er randvoll war. Er blickte die Leute an und fragte: »Was zeigt uns das?«*

*Ein intelligenter junger Mann antwortete: »Egal, wie voll unser Zeitplan ist – wenn wir wirklich darüber nachdenken, können wir immer noch mehr Dinge hineinpacken.«*

*Der Experte lächelte. »Nein! Darum geht es nicht, auch wenn die meisten Leute das glauben. Tatsächlich zeigt uns dieses Experiment, dass wir mit den großen Steinen anfangen müssen, denn sonst bekommen wir sie nie mehr hinein!«*

*Was sind die großen Steine in eurem Leben? Zeit, die ihr mit den Menschen verbringt, die ihr liebt, eure Träume, eure Gesundheit, eine Sache, die sich lohnt? Denkt daran, sie zuerst hineinzutun, denn sonst bekommt ihr sie nie mehr hinein!*

Damit war ein Teil des Geheimnisses gelöst: Die Voicemail-Botschaften stammten von Jim, dem Leiter der Agentur! Obwohl jetzt klar war, von wem sie kamen, wusste ich aber immer noch nicht, warum er das machte.

Ich behielt meine Fragen für mich und brachte einen weiteren arbeitsreichen Tag hinter mich, ohne über den noch ungelösten Teil des Geheimnisses, das die Botschaften umgab, nachzugrübeln.

Als ich dann im Bett lag, dachte ich darüber nach, was die großen Steine in meinem Leben waren. Natürlich meine Kinder. Und meine neue Arbeit. Was noch? Als ich einschlief, sah ich lauter Steine, die mich umgaben – und ich war mit ihnen zusammen in einen Krug gestopft.

Am Dienstag wachte ich wieder um halb sechs auf und sprang gleich aus dem Bett. Dieses Mal wusste ich genau, was ich tun würde. Am Abend vorher hatte ich Alex und Jen gefragt, ob es ihnen etwas ausmachen würde, wenn ich vor ihnen aus dem Haus ging. Jetzt weckte ich sie, stellte ihnen Müsli auf den Tisch und traf gegen halb sieben in der Firma ein. Ob Jim wohl da sein würde? Die Hintertür war wieder unverschlossen. Ich ging direkt in das Zimmer mit den Kopierern – und er war da! Er saß ruhig am selben Tisch. Ich betrachtete ihn genauer. Er war ein attraktiver Mann, schlank – vielleicht hatte er früher viel Sport getrieben. Das nicht mehr ganz volle blonde Haar und die feinen Fältchen um die Augen ließen mich sein Alter auf Anfang 50 schätzen. Das Auffallendste an ihm waren seine blauen Augen. Ich konnte den Blick kaum noch von ihnen abwenden …

Es schien ihn nicht zu überraschen, dass ich gekommen war. Er lächelte mich an und sagte: »Guten Morgen, Ellie. Sie sind heute ja auch wieder früh da. Wollen Sie mir noch mehr erzählen?«

Ich schüttelte den Kopf. »Dieses Mal habe ich ein paar Fragen an Sie!«

Und dann legte ich los: »Weshalb hinterlassen Sie jeden Morgen eine Botschaft in der Voicemail? Wie lange machen Sie das schon? Was wollen Sie damit erreichen? Wie schaffen Sie es, dass Ihnen immer wieder neue Dinge dafür einfallen? Werden Sie das nicht allmählich leid?«

»Moment, Moment! Als Sie gestern sagten, dass Sie alles schnell herausfinden wollten, haben Sie das offenbar ernst gemeint!«

Wir lachten beide, und ich goss mir eine Tasse Kaffee ein.

Wieder fühlte ich mich wunderbar entspannt. Ich wusste nun ja, dass er der Leiter der Firma war, und hätte daher eigentlich eingeschüchtert sein müssen. Aber er hatte etwas so Menschliches, dass ich das Gefühl hatte, er sei ein ganz »normaler« Mensch. Vielleicht lag es an der frühen Morgenstunde oder daran, dass ich ihm gegenüber so offen gewesen war, als ich noch gar nicht wusste, wer er war. Jedenfalls fühlte ich mich in seiner Gegenwart einfach entspannt. Und ich mochte ihn!

Ich setzte mich ihm gegenüber und wartete.

Nach ein paar Sekunden lachte er und sagte: »Ich verstehe ... jetzt bin ich mit dem Reden an der Reihe! Sie haben mir ein paar gute Fragen gestellt. Ich bin allerdings nicht sicher, ob ich sie auch alle gut beantworten kann.«

Er fuhr fort: »Mit den Botschaften habe ich vor ungefähr einem Jahr angefangen. Eine Frau namens Alice, die hier schon arbeitete, als noch mein Vater die Agentur leitete, hatte gerade geheiratet. Eine Woche später entdeckte man bei ihrem Mann, Tom, eine bösartige Geschwulst, und er musste sich operieren lassen. Sie können sich bestimmt vorstellen, dass sie große Angst um ihn hatte. Und ich fühlte mich schrecklich. Ich war bei der Hochzeit gewesen und kannte Alice seit Jahren. Am Tag vor der Operation bat sie mich, für Tom zu beten. Diese Bitte habe ich ihr gern erfüllt. Dann dachte ich plötzlich: ›Warum denn nur ich, warum nicht alle?‹ Am nächsten Morgen hinterließ ich allen eine Botschaft in der Voicemail und bat sie, Tom ihre Gebete, gute Gedanken und Energie zu schicken. Ich hatte keine Ahnung, welche Auswirkungen das für Alice und für die Firma haben würde – ich fand einfach, dass es eine gute Idee war. Am nächsten Tag rief Alice mich an. Sie war in Tränen aufgelöst. Die Operation war gut verlaufen! Sie weinte, weil sie so gerührt über meine Botschaft war und über all die Reaktionen, die sie daraufhin bekommen hatte. Ihre Voicemail lief über. Und zu mir sagten sehr viele Menschen, dass meine Botschaft wundervoll gewesen sei. Offenbar war mir da etwas Gutes eingefallen!«

Nach einer kurzen Pause erzählte Jim weiter. »Unsere Agentur war so schnell gewachsen, dass niemand mehr wusste, was sich im Leben der anderen ereignete. Dadurch, dass ich meine Botschaft in der ganzen Firma verbreitet hatte, konnte ich uns dabei helfen, zumindest wieder ein bisschen Gemeinschaftsgefühl zu entwickeln.«

»Ihre Botschaften haben also dazu beigetragen, dass zwischen den Menschen wieder eine Verbindung entstand?«

»Ja, so könnte man es wohl ausdrücken. Aber das ist noch nicht alles. Ich habe außerdem gesehen, dass sie Energie freisetzten und zu einem Gemeinschaftsgefühl führten!«, antwortete Jim nachdenklich. »Ich habe den Eindruck, dass diese Botschaften wichtig sind, auch wenn ich nicht genau weiß, warum. Ich glaube, dass sie für die Firma und für mich gut sind.«

»Wieso sind die Botschaften denn gut für Sie?«

»Na ja, wenn ich jeden Morgen eine Botschaft hinterlassen will, muss ich einige Zeit darüber nachdenken, was wichtig ist. Ich muss meine Gedanken bündeln und in Worte fassen. Früher bin ich morgens aus dem Bett gesprungen und wirklich aus dem Haus gerannt. Die Botschaften zwingen mich dazu, es ein bisschen langsamer angehen zu lassen, bevor ich dann Gas gebe.«

»Ich persönlich finde, dass sie ein guter Anfang für den Tag sind. Ich habe …« Plötzlich kam ich mir töricht vor. Beinahe hätte ich ihm gesagt, dass ich mir seine Botschaften aufgeschrieben hatte!

Jim lächelte mich freundlich an, dann lachte er. »Ihre Fragen und Ansichten sind sehr interessant. Ich würde mich gern noch weiter mit Ihnen unterhalten, aber die Arbeit ruft.«

Als ich auf meine Uhr blickte, war ich ganz überrascht. Die Zeit war unglaublich schnell vergangen!

Ich setzte mich an meinen Schreibtisch und vertiefte mich in mein Projekt. Als ich später meine Voicemail abhörte, war sie da – Jims Botschaft für den Tag:

> *Guten Morgen euch allen! Hier ist Jim. Dass ich diese Morgenbotschaften für euch spreche, ist mir wirklich eine große Hilfe! Oft würde ich nämlich am liebsten gleich aus dem Bett in mein aufgabenorientiertes Ich springen, mich ans Telefon hängen und anfangen, zu schreiben und alles Mögliche zu erledigen. Wenn ich das aber tue, verselbstständigt sich plötzlich mein Tag, und ich habe keine Kontrolle mehr über ihn. Die Botschaften an euch zwingen mich dazu, darüber nachzudenken, was wichtig ist, bevor ich mich in den Tag stürze.*

Diese Botschaft faszinierte mich. Ich hatte Jim zweimal getroffen, und beide Male hatte er Teile unseres Gesprächs in seine Morgenbotschaft eingebaut.

# Die »Sache mit der Vision«

Am Mittwoch kam ich genau um halb sieben in die Firma. Jim saß wieder am gleichen Tisch. Er schien fast auf mich gewartet zu haben und fing sofort an, zu reden – als wäre das Gespräch vom Vortag gar nicht unterbrochen worden.

»Nach den begeisterten Reaktionen auf meine erste Voicemail-Botschaft wusste ich, dass ich dadurch etwas Wichtiges erreichen konnte. Ich will Ihnen eine Geschichte erzählen, damit Sie wissen, wonach ich damals gesucht habe. Es war einmal ein erfolgreicher Manager, der auf traditionelle Weise ziemlich viel erreichte. Er setzte klare Ziele, und jeder in der Firma wusste, was von ihm erwartet wurde. Immer wieder suchte er die Mitarbeiter an ihren Arbeitsplätzen auf. Wenn er bemerkte, dass Mitarbeiter ihre Arbeit gut erledigten, lobte er sie. Und wenn sie etwas falsch machten, sprach er mit ihnen darüber und tadelte sie manchmal auch, wenn er wusste, dass sie es eigentlich besser konnten. Die Menschen arbeiteten gern für ihn, und sie respektierten ihn. In seinem Herzen spürte unser Manager aber, dass nun irgendetwas fehlte. Denn wenn er den Mitarbeitern in die Augen blickte, sah er, dass sie ihre Arbeit gern machten; doch er vermisste das Funkeln, das er als junger Mann gesehen hatte, damals, als sie noch nicht für ihn, sondern für eine Führungspersönlichkeit arbeiteten, die sie inspirierte und ihnen das Gefühl gab, dass das, was sie machten, wirklich wichtig war. Ob früh am Morgen oder spät am Abend – die Mitarbeiter waren nicht bei der Arbeit, weil sie das gemusst hätten, sondern weil sie es wollten. Ihre Arbeit machte ihnen Spaß, und sie waren der Überzeugung, etwas Besonderes zu leisten. Unser Manager hatte das Gefühl, dass diese Magie und diese Energie nicht mehr vorhanden waren. Und er fragte sich, was fehlte und was er tun konnte, um in ihm selbst und in den Mitarbeitern wieder das Feuer der Begeisterung zu entfachen. Eines Tages hinterließ er dann eine Voicemail-Botschaft, die großen Eindruck machte, und er wusste danach, dass er auf dem richtigen Weg war.«

Ich hatte Jim gespannt zugehört. »Dieser Manager waren Sie, nicht wahr?«

Er nickte. »Und die Führungspersönlichkeit, die die Menschen so gut inspirieren konnte, war mein Vater.«

»Ihr Vater?«

»Mein Vater war ein erstaunlicher Mann. Er baute diese Agentur aus dem Nichts auf – mit Mut, Krediten und einem festen Glauben an die Menschen. Er machte sie zu der blühenden, geachteten Firma, die sie heute ist. Meinen Vater beteten alle an – unsere Mitarbeiter, die Kunden. Sie alle wollten, dass unsere Agentur Erfolg hatte, und dadurch entstand das Funkeln in ihren Augen, von dem ich gesprochen habe. Als ich mich dann nach oben arbeitete, war ich sehr stolz darauf, in dieser Firma zu arbeiten. Vor ungefähr zehn Jahren zog mein Vater sich zurück, und ich übernahm die Leitung der Firma. Leider konnte ich mir nicht mehr lange bei ihm Rat holen, denn er starb bald. Finanziell geht es uns gut, doch ich konnte der Firma nicht so meinen Stempel aufdrücken, wie ich es mir gewünscht hätte. Jetzt hoffe ich, dass ich das durch diese Botschaften erreichen kann.«

Ich dachte einen Augenblick lang nach. »Sie leiten also eine erfolgreiche, angesehene Firma. Als Ihr Vater sie leitete, gab es jenes Funkeln in den Augen. Jetzt scheinen die Mitarbeiter zwar glücklich zu sein, aber das Funkeln ist nicht mehr da. Sie glauben, ein guter Manager zu sein, aber es muss noch etwas anderes geben, und Sie wissen nicht, was das ist.«

Jim nickte. »Ja, das ist eine ziemlich treffende Zusammenfassung!«

»Es hört sich außerdem so an, als ob Ihre Arbeit für Sie nicht besonders aufregend und erfüllend ist!« Ich wusste, dass ich mich damit auf gefährliches Terrain wagte.

Jim lachte laut los. »Ellie, woher nehmen Sie bloß den Mut, so mit mir zu sprechen? Aber ich will ehrlich zu Ihnen sein: Sie haben völlig Recht! Meine Arbeit gefällt mir, aber aufregend finde ich sie nicht.«

Ich lächelte zurück. Wie schön, dass Jim mein Vorpreschen als mutiges und couragiertes Verhalten bezeichnete! Meine Mutter sagte immer, mein Mund sei wie ein Automat mit diesen großen bunten Kaugummikugeln – wenn ich anfing zu reden, wusste man nie, was herauskommen würde. Vielen Leuten gefiel das nicht, doch Jim schien es nichts auszumachen.

Am Donnerstagmorgen tranken Jim und ich wieder an »unserem« Tisch Kaffee.

»Wissen Sie, Ellie, ich habe über Ihre Fragen zu meinen Botschaften nachgedacht. Ich spüre, dass ich damit etwas erreiche, aber ich habe nicht das Gefühl, dass die Veränderung, die ich mir von ihnen erhoffe, bereits stattgefunden hat.«

Er fuhr fort: »Als mein Vater die Firma leitete, lief hier alles mit voller Kraft voraus. Alle wussten, was sie zu tun hatten und warum. Man hätte sie nicht aufhalten können. Sie wussten, dass sie eine Firma aufbauten, die unserer Stadt wirklich gute Dienste leisten würde. Und in der Agentur fühlten sich alle wie in einer großen Familie – es ging darum, etwas Wichtiges zu erreichen, Spaß zu haben und jedem die Möglichkeit zur Weiterentwicklung zu bieten. Mein Vater hatte eine erstaunliche Wirkung auf andere Menschen. In seiner Nähe hatte jeder das Gefühl, etwas Wichtiges zu leisten. Damals gab es in der Agentur eine Atmosphäre wirklicher Freude. Ich habe versucht, dieses Gefühl wieder aufleben zu lassen, aber es ist mir nicht richtig gelungen. Die Zeiten haben sich geändert, und was bei meinem Vater funktioniert hat, ist heute zum Teil überholt.«

Jim hatte gesagt, alles sei »mit voller Kraft voraus« gelaufen, und diese Worte erregten meine Aufmerksamkeit. »Was genau meinen Sie mit ›mit voller Kraft voraus‹?«

»Nun, das ist ein Ausdruck, der zur Zeit der Dampfschiffe benutzt wurde. Er bedeutete, dass sie mit voller Kraft fuhren.«

»Wurde er nicht auch in einem Krieg verwendet? Ich erinnere mich an den Ausspruch ›Zur Hölle mit den Torpedos – mit voller Kraft voraus!‹«

Jim lächelte. »Jetzt haben Sie mir ein schönes Stichwort gegeben! Geschichte ist nämlich eines meiner Hobbys. Das war Admiral Farragut im amerikanischen Bürgerkrieg. Sie haben Recht. Er sagte wirklich: ›Zur Hölle mit den Torpedos!‹, und fuhr trotz der Minen, die vor ihm lagen, weiter. Warum wollten Sie das wissen?«

»Ich habe mich gefragt, ob *mit voller Kraft voraus* vielleicht auch davor warnt, dass man unvorsichtig wird und sich trotz der Gefahr blindlings vorwärts bewegt.«

»Nein, wohl eher das Gegenteil. Es bedeutet, eine Vision zu haben – sich über seinen Zweck im Klaren zu sein, sich diesem Zweck zu verschreiben und überzeugt davon zu sein, dass man ihn erreichen kann, und zwar so sehr, dass man sich trotz aller Hindernisse unbeirrt vorwärts bewegt.«

Jim schwieg einen Augenblick und setzte dann hinzu: »So war mein Vater!«

»Er scheint ein ganz besonderer Mensch gewesen zu sein. Bestimmt fehlt er Ihnen sehr!«

Ein paar Sekunden lang sprach keiner von uns.

Dann bat ich Jim, mir mehr darüber zu erzählen, was sein Vater in der Agentur gemacht hatte. Ich dachte nämlich, dass ich ihn auf diese Weise besser kennen lernen könnte.

»Das ist ganz leicht!« Er dachte kurz nach und sagte dann: »Mein Vater hatte eine Vision davon, wie die Firma aussehen sollte. Und alle anderen hier hatten die gleiche Vision. Das Erstaunlichste an dieser Agentur war, dass sie so von Energie, Erregung und Leidenschaft erfüllt war. Alle glaubten wirklich an die Vision und an das, was sie taten. Sie hatten das Gefühl, dass sie etwas Wichtiges erreichen konnten. Sie wollten, dass die Menschen die Versicherungsagenturen mit anderen Augen sahen. Und das gelang ihnen bei unserer Firma auch. Sie erwarb sich den Ruf, hervorragende Dienste zu leisten, und wuchs schnell. Nach nicht einmal drei Jahren musste sie in ein größeres Gebäude ziehen, und fünf Jahre später schon wieder. Jeder in der Agentur wusste, was er machte und warum. Natürlich waren sie nicht alle richtig befreundet, aber es gab ein starkes Gefühl des Vertrauens und Respekts. Die Führungskräfte versuchten nicht, die Arbeit der Menschen zu kontrollieren. Sie ließen sie Verantwortung übernehmen, weil sie wussten, dass alle die gleiche Vision hatten und sich über ihre Ziele und ihre Richtung im Klaren waren.«

Jim fuhr fort: »Die Mitarbeiter durften ziemlich wichtige Entscheidungen allein treffen. Sie brauchten nicht für alles und jedes zu meinem Vater oder den anderen Topmanagern laufen.

Jeder übernahm die Verantwortung für das, was er machte. Alle wirkten auf ihre Zukunft ein, statt passiv darauf zu warten, dass sich etwas tat. Es gab viel Raum für Kreativität. Die Mitarbeiter konnten ihre Aufgaben auf ihre eigene Art erledigen, und Unterschiede in der Vorgehensweise wurden respektiert, weil alle wussten, dass sie im gleichen Boot saßen und Teil eines größeren Ganzen waren.«

»Dass sie sich mit voller Kraft voraus bewegten!«, setzte ich hinzu.

Jim lachte. »Ja, genau das ist es!«

»Das klingt nach sehr viel Energie und Kraft«, sagte ich nachdenklich.

»Es ist die Kraft einer gemeinsamen Vision!«, erwiderte Jim. »Ich weiß das, denn ich habe sie selbst erfahren.«

»Also sind wir jetzt wieder bei der Sache mit der Vision. Was bedeutet es denn, eine Vision zu haben?«

»Ich glaube, wenn man eine Vision hat, gibt einem das sehr viel Kraft – man weiß, wohin der Weg führt, und bewegt sich mit voller Kraft voraus.«

»Dann beschreibt *mit voller Kraft voraus* ja in Wirklichkeit die Kraft der Vision!«, rief ich.

Jim lächelte, wurde aber gleich wieder ernst. »Das Problem ist, dass die Zeiten sich geändert haben. Die Firma ist gewachsen, das Geschäft hat sich verändert, die Gesetze sind komplizierter geworden, für alles braucht man Gutachten, und hier arbeiten jetzt viele Menschen, die meinen Vater gar nicht mehr gekannt haben oder aus anderen Branchen kommen. Vielleicht müssen wir unsere Vision erneuern oder erweitern, um all die Veränderungen berücksichtigen zu können. Auch der frühere Präsident George H. Bush bemühte sich ja sehr, die ›Sache mit der Vision‹ zu verstehen. Manchmal sage ich mir, dass es eigentlich gar nicht wichtig ist, eine Vision zu haben – alles, was wir brauchen, ist eine gut geführte, solide und finanziell gesunde Firma. Aber dann erinnere ich mich wieder daran, wie es früher war – und ich weiß, dass etwas Wichtiges fehlt. Ich habe hart daran gearbeitet, ein guter Manager zu werden, aber das reicht nicht. Das Entscheidende bei der Führung sind die angestrebten Ziele.«

Ich war erstaunt und fühlte mich geehrt, dass er mit mir über so wichtige Dinge sprach. Wie sollte ich darauf reagieren? Ich musste ihm die gleiche Offenheit entgegenbringen ...

»Jim, mir gefällt die Atmosphäre hier, und ich habe mich von Anfang an willkommen und wohl gefühlt. Aber ich glaube, eine Vision ist tatsächlich sehr wichtig. Mir scheint, dass Ihre Vision für uns alle hier nicht klar sein kann, solange Sie sich selbst nicht darüber im Klaren sind. Vielleicht würde jenes Funkeln in die Augen der Mitarbeiter zurückkehren, wenn Sie sich darüber klar werden könnten, wohin Sie die Agentur führen wollen.«

Ich dachte eine Weile nach. »Wie bekommt man denn eine Vision, wenn man keine hat? Was macht eine Vision aus?«

Zu meiner Verblüffung lachte Jim. »Sie stellen wirklich ziemlich viele Fragen, Ellie!«

»Ja, das stimmt ...« Plötzlich war ich ganz verlegen. »Dadurch habe ich schon oft Probleme bekommen.«

»Also, mir gefällt das!« Es klang ehrlich. »Ich mag Ihre Offenheit. Sie betrachten nichts als selbstverständlich – und bringen mich dazu, nachzudenken!«

Dann machte Jim mir einen Vorschlag, der mein ganzes Leben verändern sollte. »Ellie, wenn Sie dazu bereit sind, würde ich gern noch öfter mit Ihnen sprechen! Vielleicht bekommen wir ja gemeinsam heraus, worum es bei der ›Sache mit der Vision‹ eigentlich geht.«

Das brauchte ich mir nicht erst lange zu überlegen! »Wo fangen wir an?«

»Ich glaube, als Erstes sollten wir die ›Sache mit der Vision‹ besprechen, damit wir verstehen, wie eine klare Vision aussehen muss, damit die Menschen daran teilhaben wollen und sie wirklich die Richtung vorgibt.«

»Und wann wollen wir damit anfangen?«

»Ich bin fast jeden Morgen früher hier als die anderen«, antwortete Jim. »Ich sitze gern eine Weile ruhig an diesem Tisch, bevor das geschäftige Treiben des Tages beginnt, weil ich dann wunderbar nachdenken kann. Bisher hat noch niemand mein kleines Versteck entdeckt. Diese Zeit könnten wir doch nutzen, um uns mit der Vision zu befassen.«

»Ja, das hört sich gut an. Dann also bis morgen, gleiche Zeit, gleicher Ort!«

*Mit voller Kraft voraus* – das interessierte und faszinierte mich. Abends versuchte ich, etwas über die Dampfmaschine herauszufinden. Ich erfuhr, dass sie eine der wichtigsten industriellen Erfindungen war und die moderne Industriegesellschaft überhaupt erst möglich gemacht hatte. Bis dahin mussten die Leute sich auf ihre eigenen Muskeln, den Wind oder Tiere verlassen, wenn sie Energie benötigten. Doch eine einzige Dampfmaschine konnte die Arbeit mehrerer Hundert Pferde erledigen oder die ganze Energie liefern, die für die Maschinen in einer Fabrik benötigt wurde. Dampfschiffe ermöglichten einen schnellen und zuverlässigen Transport ... *Mit voller Kraft voraus* – das war tatsächlich eine wunderbare Beschreibung der Veränderungsenergie, die eine Vision entfesselte!

Ich konnte es gar nicht abwarten, Jim am nächsten Morgen von meiner Entdeckung zu erzählen.

# 1. Element: ein wichtiger Zweck

»Großartig, Ellie!« Jim war begeistert, als er hörte, was ich herausgefunden hatte. »Die Erfindung der Dampfmaschine führte zur Entdeckung einer mächtigen Energiequelle und bewirkte eine tief greifende Veränderung. Es liegt also nahe, die Kraft der Vision mit der der Dampfmaschine gleichzusetzen.«

Dann sagte er: »Ich möchte Ihnen auch etwas erzählen! Sie haben mich doch gefragt, was *mit voller Kraft voraus* eigentlich bedeutet.«

»Ja, und Ihre Antwort war: Eine Vision gibt einem sehr viel Kraft – man weiß, wohin der Weg führt, und bewegt sich mit voller Kraft voraus!«

»Genau. Außerdem bedeutet es, sich über seinen Zweck im Klaren zu sein, sich ihm zu verschreiben und überzeugt davon zu sein, dass man ihn erreichen kann, und zwar so sehr, dass man sich trotz aller Hindernisse unbeirrt vorwärts bewegt. Sie erinnern sich daran?«

Ich lächelte ihn an. »Oh ja!«

»Nun, ich bin mit einem Aha-Erlebnis aufgewacht! Mir ist klar geworden, dass eines der Elemente einer zwingenden Vision der *Zweck* ist. Mein Vater hat immer viel über den *Zweck* gesprochen – er konnte sich richtig dafür begeistern. Und er sorgte dafür, dass wirklich jeder in der Agentur den Zweck verstand und sich ihm verschrieb. Ich glaube, das war eines der Geheimnisse seiner Vision!«

Ich muss ihn ziemlich verständnislos angesehen haben, denn er lächelte und erklärte: »Mit *Zweck* meine ich, dass wir verstehen, weshalb es uns gibt, weshalb wir existieren – worum es bei unserem Geschäft *wirklich* geht, sodass wir alle unsere Anstrengungen darauf richten können, diesen Zweck zu unterstützen.«

»Heute Morgen werde ich offenbar nur langsam wach«, sagte ich. »Aber ich glaube, ich begreife, was Sie meinen.«

»Gut! In welchem Geschäft sind wir Ihrer Meinung nach *wirklich*, Ellie?«

»Das ist nicht schwer – im Versicherungsgeschäft!«

Jim schwieg einen Augenblick. Dann erwiderte er: »Nein, das sind unsere Produkte und Dienstleistungen. Aber warum kaufen die Leute sie? Was wollen sie wirklich von uns?«

Darüber musste ich erst einmal nachdenken. Mir war nicht klar, worauf er hinauswollte. Deshalb versuchte er es noch einmal. »Ellie, haben Sie in der letzten Zeit irgendetwas gekauft?«

»Oh nein!« Ich lachte. »Kein Geld! Oder doch – ich war verschwenderisch und habe mir eine neue Matratze gekauft, nachdem mein Mann mich verlassen hatte. Aber was hat das mit der Vision zu tun?«

»Weshalb haben Sie sie gekauft?«

Diese Frage machte mich ein bisschen verlegen. Es war ein ganz spontaner Kauf gewesen – ich brauchte die Matratze nicht wirklich und konnte sie mir ganz gewiss nicht leisten. Vielleicht wollte ich einfach nur alles beseitigen, was mich an Doug erinnerte – auch das Bett, in dem wir gemeinsam lagen, auch nachdem er mich bereits betrogen hatte. Aber das würde ich Jim ganz bestimmt nicht erzählen …

Also dachte ich weiter nach. Warum hatte ich gerade diese Matratze gekauft? Ich hatte tatsächlich ziemlich viel Zeit damit verbracht, im Laden mehrere Matratzen auszuprobieren. Ich hatte die verschiedensten Schlafpositionen eingenommen. Schon seit einiger Zeit hatte ich nicht mehr gut geschlafen – einerseits, weil ich so unruhig war, andererseits, weil unsere alte Matratze in der Mitte abgesackt war und ich ohne Dougs Körper neben meinem immer in die Kuhle hineinrutschte, sodass ich fast jeden Morgen mit Rückenschmerzen aufwachte. Deshalb suchte ich nach einer neuen Matratze, die über Jahre hinweg ihre Form behalten und mir einen ungestörten Schlaf ermöglichen würde ...

»Ich wollte mir ungestörten Schlaf kaufen!«, platzte ich heraus.

Jim lächelte. »Das ist also das Geschäft, in dem der Laden, in dem Sie die Matratze gekauft haben, *wirklich* ist. Und in welchem Geschäft ist unsere Agentur *wirklich*?«

Ich dachte noch einmal darüber nach. Warum kaufen die Leute eine Versicherung? Ich selbst hatte eine Kranken- und eine Kraftfahrzeugversicherung. Was hatte ich wirklich gewollt, als ich sie abschloss?

»Ich glaube, ich hab's! Die Leute, die eine Versicherung abschließen, wollen innere Ruhe für die Zukunft, also Zukunftssicherheit. Sie wollen finanzielle Sicherheit für den Ernstfall, wie Krankheiten, Unfälle oder den Tod.«

»Genau das glaube ich auch! Sie wollen Zukunftssicherheit, eine Sicherheit, die ihre jetzige innere Ruhe nicht dadurch stört, dass sie zu viel kostet. Und sie wollen sicher sein können, dass sie die nötige Hilfe bekommen, wenn sie ihre Versicherung einmal in Anspruch nehmen müssen. Unsere Vertreter wissen, welche Fragen sie stellen müssen, um herauszufinden, was diese innere Ruhe und diese Sicherheit für den einzelnen Kunden bedeuten.

So können sie unseren Kunden helfen, diejenigen Produkte und Leistungen zu wählen, die ihre individuellen Bedürfnisse am besten erfüllen. Und unsere Schadensabwickler wissen, dass sie unseren Kunden dieses Gefühl der Sicherheit geben müssen, wenn die Kunden eine Versicherung im Anspruch nehmen wollen, wenn sie Fragen zu den Leistungen haben oder einen Preisvergleich machen möchten.«

Nach einer kleinen Pause fuhr er fort: »Es ist ganz wichtig, dass jeder in unserer Agentur versteht, in welchem Geschäft wir wirklich sind. Das hat Auswirkungen auf unsere Produkte und Leistungen, auf deren Vermarktung und sogar darauf, wie unsere Rezeptionistin sich am Telefon meldet! Mein Vater war überzeugt, dass das ein wesentlicher Teil des Erfolgs unserer Firma war, und ich glaube das auch. Unsere Kunden vertrauen uns, weil wir wissen, in welchem Geschäft wir aus ihrer Sicht sind. Und wir handeln immer von diesem Standpunkt aus.«

»Sie glauben also, dass der Zweck ein wichtiger Teil jeder Vision ist?«

»Oh ja – ich halte ihn für ein Schlüsselelement!«

»Und was ist mit der Mission? Ich sehe doch immer diese Aussagen an den Wänden, im Supermarkt oder im Schnellrestaurant; ich glaube, sogar in der Reinigung hängt eine. Manche haben eine Überschrift wie ›Unsere Mission‹. Ist das dasselbe wie der Zweck?«

»Manchmal schon!«, antwortete Jim. »Zu einer guten Missionsaussage gehört eine klare Festlegung des Zwecks. Leider wird der Begriff *Mission* viel zu oft verwendet und hat daher ganz unterschiedliche Bedeutungen. Deshalb finde ich es einfacher, das Wort *Zweck* zu benutzen. Ich glaube aber, dass es nicht darauf ankommt, wie man es nennt, solange es eine Antwort auf die

Fragen ›Weshalb existieren wir?‹ und ›In welchem Geschäft sind wir wirklich?‹ gibt.«

Jims Voicemail-Botschaft an diesem Tag überraschte mich nicht.

▦ *Guten Morgen euch allen! Hier ist Jim. Ich möchte jedem von euch zu unserem hervorragenden ersten Quartal gratulieren!*
*Solche Erfolge sind nur dann möglich, wenn wir uns daran erinnern, in welchem Geschäft wir wirklich sind. Wir bieten Versicherungsprodukte an – doch eigentlich wollen unsere Kunden etwas ganz anderes. Freiwillig würde niemand sein Geld für Versicherungen ausgeben, es sei denn, er könnte die Zukunft in einer Kristallkugel sehen und wüsste genau, dass er sie braucht. Wofür die Menschen aber zu zahlen bereit sind, ist ihre innere Ruhe – ein Gefühl der Zukunftssicherheit, ohne dass ihre innere Ruhe in der Gegenwart gestört wird. Wir müssen sicher sein, dass ihnen ein Paket angeboten wird, das ihre besonderen Bedürfnisse erfüllt und auf ihren Geldbeutel zugeschnitten ist. Wie können wir unseren Zweck, innere Ruhe zu erzeugen, unterstützen? Diejenigen von euch, die keinen direkten Kontakt zu den Kunden haben, mögen glauben, dass das leicht zu erreichen ist. Doch ich möchte euch alle auffordern, euch zu überlegen, wie ihr diesen Zweck auf eure eigene Weise unterstützen könnt, welche Aufgabe ihr hier in der Agentur auch habt. Denkt daran, weshalb es uns gibt – in welchem Geschäft wir uns aus der Sicht unserer Kunden bewegen! Wenn ihr auf unseren Zweck konzentriert bleibt, wird es uns gelingen, auch weiterhin so gute Ergebnisse zu erzielen. Ich wünsche euch allen ein schönes Wochenende!*

Inzwischen hatte ich es mir angewöhnt, mir Jims Botschaften jeden Tag aufzuschreiben. Ich wusste gar nicht genau, weshalb ich das immer noch machte – ich hatte einfach das Gefühl, dass es richtig war. Und ich konnte mir so die Botschaften immer wieder vor Augen führen und weiter über diese interessante Firma und den faszinierenden Mann, den ich allmählich besser kennen lernte, nachdenken.

Das ganze Wochenende über beschäftigte ich mich mit dem Zweck. Das Erstaunliche war, dass ich ihn, seit ich darauf achtete, plötzlich überall sah. »ZWECK.«

Am Freitag schaute ich mir die 19-Uhr-Nachrichten an; dabei wurde mir klar, dass der Zweck der Nachrichten bei den großen Privatsendern darin besteht, Unterhaltung zu liefern. Die Sprecher, der Wetterreporter und der Sportmoderator waren attraktiv und plauderten miteinander. Sie wirkten alle wie Freunde und machten Witze. Diese Sender boten die Möglichkeit, sich über die neuesten Nachrichten auf angenehme Weise auf dem Laufenden zu halten.

Nun war meine Neugier geweckt, und ich schaltete zu CNN um. Was für ein Unterschied! CNN hatte offensichtlich einen ganz anderen Zweck. Hier ging es nicht um nette Unterhaltung – der Sender konzentrierte sich ganz auf die Informationen, nicht auf die Personen. Um mehr über seinen Zweck zu erfahren, besuchte ich seine Website und erfuhr, dass er rund um die Uhr ausführlich und live über nationale und weltweite Ereignisse berichtet. CNN konzentriert sich auf andere Kunden als die großen Privatsender.

Die meisten Zuschauer von CNN sind viel beschäftigte Leute, die es nicht immer einrichten können, um 19 oder 20 Uhr vor dem Fernseher zu sitzen. Vom Standpunkt seiner Zuschauer aus ist es der Zweck von CNN, ihnen die Nachrichten dann zu liefern, wenn sie Zeit dafür haben. CNN und die großen Privatsender haben also ganz unterschiedliche Zwecke, weil ihre Kunden ganz unterschiedliche Bedürfnisse haben.

Daraufhin begann ich mit einer Suche im Internet, die das ganze Wochenende ausfüllte. Ich suchte nach »Zweckaussagen« und »Missionsaussagen« und verbrachte Stunden damit, sie durchzulesen.

Viele dieser Aussagen waren anregend und konzentriert; sie erklärten, warum die jeweilige Firma existierte und welches Bedürfnis sie aus der Sicht ihrer Kunden erfüllte. Andere hörten sich so kühl an, dass ich mir nicht vorstellen konnte, dass sie irgendjemanden inspirierten. Manche waren zwar doch inspirierend, aber so allgemein gehalten, dass sie meiner Ansicht nach weder aussagekräftig waren noch die Aufgabe erfüllten, eine Richtung vorzugeben. Eine dieser allgemeinen Aussagen lautete: »Our mission is to walk our talk.«

Im Bereich des Humors fand ich eine »Maschine für Missionsaussagen«. Dort konnte man aus einer Liste von Substantiven, Verben, Adjektiven und Adverbien auswählen und sich so eine Missionsaussage zusammenstellen. Die Aussagen, die dadurch entstanden, klangen für jemanden wie mich geschäftsmäßig, mit Wörtern wie *lieferbar, ermächtigen* und *die Erwartungen übertreffen*. Genau betrachtet hatten sie jedoch gar keine Bedeutung und boten keine Hinweise darauf, in welchem Geschäft man war.

Die Mission eines bekannten Unternehmens bestand darin, »die Erwartungen unserer Kunden zu übertreffen. Das können wir schaffen, indem wir uns an unseren gemeinsamen Wertvorstellungen orientieren und so ein Höchstmaß an Kundenzufriedenheit erreichen.« Ich fragte mich: *In welchem Geschäft ist dieses Unternehmen wirklich? Welches Bedürfnis erfüllt es wirklich – vom Standpunkt seiner Kunden aus? Welchem Zweck dient es?*

Ich fand sehr viele Missionsaussagen im Internet, über 3700, doch mir fiel auf, dass es nicht viel Übereinstimmung im Hinblick darauf gab, was in eine solche Aussage gehört.

Selbst die meisten Aussagen zum Zweck erklärten nicht, warum die Firma existierte oder in welchem Geschäft sie – vom Standpunkt ihrer Kunden aus gesehen – war. Dabei hatte Jim mir doch erklärt, wie wichtig das war!

Die meisten Zweck- und Missionsaussagen beschrieben bestenfalls die angebotenen Produkte und Dienstleistungen und waren schlimmstenfalls eine völlig bedeutungslose Ansammlung leerer Phrasen.

Allerdings fand ich auch ein paar klare und inspirierende Aussagen zur Mission. Eine stammte von der Feuerwehr in Yarmouth: »Wir werden alles tun, was wir können, um die Menschen in Yarmouth und ihr Hab und Gut vor Schaden zu bewahren, ihre Sicherheit zu verbessern, sie darüber zu informieren, wie sie Notfälle verhindern können, und schnell und wirksam zu handeln.« Ich dachte: *Genau das erwarte ich, aus der Sicht des Kunden, von der Feuerwehr! Sie denken vom Ergebnis ihrer Tätigkeit aus über ihren Zweck nach, es geht nicht nur um die Darstellung der Dienstleistung.* Ich hoffte, dass die Feuerwehrleute in meiner Stadt ihren Zweck auf ähnliche Weise verstanden.

Die Missionsaussage der Polizei einer anderen Stadt dagegen bot ein Negativbeispiel. Ihr Zweck bestehe darin, »dem Gesetz Geltung zu verschaffen«, hieß es da. Doch ich fragte mich: »*Mit welchem Ziel?*« Mit anderen Worten: *Weshalb* boten sie diesen Dienst an – »dem Gesetz Geltung zu verschaffen«? Meiner Ansicht nach wäre »die verfassungsmäßigen Rechte der Bürger zu schützen und die Menschen vor Schaden zu bewahren« eine bessere, weil viel überzeugendere und konzentriertere Aussage gewesen.

Auch der Pharmakonzern Merck hatte seine Missionsaussage ins Internet gestellt. Danach bestand seine Mission darin, »die

Gesellschaft mit hervorragenden Produkten und Dienstleistungen zu versorgen, die die Lebensqualität erhalten und verbessern«. Das war doch ein wirklich edler Zweck! Natürlich ging es um pharmazeutische Produkte und Dienstleistungen, doch der *Zweck* des Konzerns, der Grund dafür, dass er Arzneimittel herstellte, war die Erhaltung und Verbesserung der Lebensqualität. Die Frage war aber: Was macht Merck denn, um die Lebensqualität zu erhalten und zu verbessern? Als ich auf der Website weitersuchte, fand ich heraus, dass der Konzern durchaus etwas tat, um seinen Zweck zu unterstützen. Ein Beispiel war das *Mectizan Donation Program*. 1987 hatte Merck einen Wirkstoff gegen die in der Dritten Welt verbreitete Onchozerkose (die häufig zur Erblindung führt) entwickelt. Doch die Menschen, die von dieser Krankheit bedroht waren, konnten es sich nicht leisten, das Mittel zu kaufen. Obwohl der Konzern wusste, dass er mit diesem Mittel keine Gewinne machen würde, hatte er es entwickelt und es seitdem jedes Jahr über 30 Millionen Menschen gestiftet. *Können sie einen edlen Zweck haben und gleichzeitig finanziell gesund sein?*, fragte ich mich. Auf der Website von Merck waren auch die folgenden Worte von George W. Merck, dem Gründer, zu finden: »Wir versuchen, nie zu vergessen, dass die Medikamente für die Menschen da sind, nicht für die Gewinne. Die Gewinne ergeben sich dann von selbst.« Diese Philosophie war offenbar richtig, denn Merck steht finanziell noch immer auf gesunden Füßen.

Langsam wurde mir klar, dass eine gute Zweckaussage das »Weshalb« erklären und einem »größeren Gut oder höheren Sinn dienen« muss.

Später blätterte ich Zeitungen und Zeitschriften durch und entdeckte in der *New York Times* einen interessanten Artikel. Harvey Mackay, Vorsitzender der Mackay Envelope Company in Minneapolis, wollte »für immer im Geschäft bleiben«. Diese Aussage schien sehr verschwommen und weder inspirierend noch aussagekräftig zu sein. Als ich dann aber weiterlas, wurde mir klar, dass die Aussage für die bei Mackay Envelope Beschäftigten durchaus eine Bedeutung hatte. »Wir betonen, dass wir für immer im Geschäft bleiben wollen, um unsere Mitarbeiter daran zu erinnern, sich auf die langfristige Perspektive zu konzentrieren. Gegenüber den Kunden und Zulieferern sollen sie sich kooperativ verhalten, weil die Kunden ansonsten zu anderen Firmen abwandern und die Zulieferer ihre besten neuen Technologien der Konkurrenz anbieten würden.« Aus dieser Aussage ging zwar nicht hervor, in welchem Geschäft Mackay Envelope war, doch sie war letztendlich aussagekräftiger und bedeutsamer, als ich zunächst gedacht hatte.

Allmählich erkannte ich, dass das Wichtigste die *Bedeutung* der Aussage war – nicht ihr Wortlaut. Die besten Worte der Welt hatten keinen Sinn, wenn sie für die Mitarbeiter in der Firma nichts bedeuteten. Mir wurde klar, dass längst nicht jede Missionsaussage aussagekräftig war und die Menschen inspirierte. Und dass andererseits einem guten Zweck, der für die Menschen in der Firma wirklich eine Bedeutung hat, viel Kraft innewohnen kann.

Ich beschäftigte mich das ganze Wochenende über mit »Zweck« und »Mission« und konnte es kaum abwarten, mit Jim darüber zu sprechen. Am Montag öffnete ich pünktlich um halb sieben die Hintertür und betrat das Gebäude. Jim war schon da.

»Nun?«, fragte er.

Ich erzählte ihm alles, was ich erfahren hatte – ich muss 15 Minuten lang wie ein Wasserfall geredet haben. Dann holte ich tief Luft und reichte ihm ein Blatt Papier. »Ich glaube, das hier ist eine gute Zusammenfassung!«

Auf dem Blatt stand:

## ZWECK

- DER ZWECK IST DER GRUND, WESHALB IHRE ORGANISATION EXISTIERT.
- ER BEANTWORTET DIE FRAGE NACH DEM WESHALB, STATT EINFACH NUR ZU ERKLÄREN, WAS SIE MACHT.
- ER ZEIGT, IN WELCHEM GESCHÄFT SIE – VOM STANDPUNKT IHRER KUNDEN AUS GESEHEN – WIRKLICH SIND.
- GROSSARTIGE, BEDEUTENDE ORGANISATIONEN HABEN EINEN TIEFEN, EDLEN – EINEN WICHTIGEN – ZWECK, DER MOTIVIERT UND ZU ENGAGIERTEM VERHALTEN FÜHRT.
- DIE WORTE SELBST SIND NICHT SO WICHTIG – WICHTIGER IST DIE BEDEUTUNG DER WORTE FÜR DIE MENSCHEN.

Jim betrachtete das Blatt lange, ohne ein Wort zu sagen. Ich wartete aufgeregt und fragte mich, was er wohl davon halten würde. Hatte ich meine Grenzen überschritten? Wie konnte ich es überhaupt wagen, dem Leiter einer erfolgreichen Firma meine Ansichten zu präsentieren? Ich hatte mein Studium der Betriebswirtschaft noch nicht einmal abgeschlossen und vor gerade mal zwei Wochen meine erste richtige Stelle angetreten!

Obwohl ich das ganze Wochenende über so in meine Suche vertieft gewesen war, dass ich kaum an Jim gedacht hatte, wurde mir jetzt schmerzlich klar, wie sehr ich mich nach seiner Anerkennung sehnte. Je länger er schwieg, desto mehr verzagte ich.

Endlich hob Jim den Kopf. Er sah mir in die Augen und lächelte mich so herzlich an, dass ich dahinschmolz. Was er auch sagen würde – ich würde mich auf jeden Fall ihm und mir selbst gegenüber gut fühlen. Seine Worte überraschten mich dann aber doch. »Das ist großartig! Sie haben in fünf einfachen Sätzen etwas zusammengefasst, was ich erst nach vielen Jahren von meinem Vater gelernt habe. Ich bin sehr froh, dass wir uns zusammengesetzt haben, um gemeinsam an dieser Sache zu arbeiten!«

Jim befestigte mein Blatt an der Wand neben unserem Tisch.

»Das ist der Anfang unseres neuen Weges!«

Wir betrachteten das Blatt, ohne etwas zu sagen.

Dann fragte Jim: »Haben Sie auch eine Antwort auf die Frage, was der Unterschied zwischen Mission und Zweck ist, gefunden?«

Ich erzählte ihm, was ich entdeckt hatte: »Zu einer wirksamen Missionsaussage gehört es, einen klaren Zweck zu beschreiben. Bei den meisten ist das aber leider nicht so! Damit eine Missionsaussage effektiv ist, muss sie eine klare Aussage über den Zweck enthalten – so, wie wir ihn definiert haben. Außerdem sollte zu einer guten Missionsaussage noch eine Beschreibung gehören, wie die Menschen in der Firma diesen Zweck praktisch umsetzen, welche Produkte und Dienstleistungen sie anbieten und wie sie den Zweck unterstützen können. Eine Missionsaussage aber, die nur aufzählt, was ein Unternehmen liefert oder wie es das tut, ist nicht aussagekräftig genug, sie motiviert nicht – und ist damit bedeutungslos.«

»Das leuchtet mir ein!«, erwiderte Jim.

»Jetzt habe ich eine Frage an Sie!«, sagte ich.

»Oh-oh!« Jim lachte. »Ich habe inzwischen gelernt, vor den unschuldigen Fragen, die Sie so gern stellen, auf der Hut zu sein!«

»Es ist aber wichtig!« Ich wartete, bis er wieder ernst geworden war. »Letzte Woche habe ich doch angefangen, Sie nach dem Zweck Ihrer Morgenbotschaften zu fragen. Offensichtlich waren Sie sich darüber nicht im Klaren. Sie hatten das Gefühl, dass Sie damit etwas erreichen, wussten aber nicht, wieso. Jetzt wissen wir ja mehr über den Zweck, und daher möchte ich Sie noch einmal fragen, weshalb Sie diese Botschaften hinterlassen.«

»Gut, Ellie. Sie haben Recht. Ich weiß es nicht, aber ich werde Ihnen bald eine Antwort geben. In ein paar Stunden fahre ich zu einer Tagung und bin dann für den Rest der Woche weg. In dieser Zeit werde ich darüber nachdenken. Wie hört sich das an?«

»Wunderbar! Ich wünsche Ihnen eine gute Reise!«

Nachdem er gegangen war, blieb ich noch sitzen und starrte die Tür an. Er würde den Rest der Woche weg sein? Ich hätte nicht gedacht, dass unsere gemeinsame Zeit am frühen Morgen mir so sehr fehlen würde. Unsere Freundschaft war mir ungeheuer wichtig geworden! Wie lange war es her, seit ich mich in der Gesellschaft eines Mannes so wohl gefühlt hatte? Wann hatten Doug und ich aufgehört, uns in der Gesellschaft des anderen wohl zu fühlen? Mir wurde langsam klar, dass Doug und ich einander schon lange vor seiner Affäre verlassen hatten. Plötzlich wurde ich sehr traurig. Ich saß einfach nur da und weinte – und war wirklich froh, dass das niemand sah.

Den Rest der Woche verbrachte ich damit, das, was ich über den Zweck gelernt hatte, bei meiner eigenen Arbeit anzuwenden. Ich wollte herausfinden, was die Verantwortlichkeiten der Abteilung waren – nicht nur meine eigenen. Mit meinen ganzen Fragen muss ich eine ziemliche Nervensäge gewesen sein, doch es schien niemand etwas auszumachen. Den Menschen gefiel es offenbar, dass ich mich wirklich für das, was sie machten, interessierte.

Wenn ich jemals den Zweck der Buchhaltung verstehen wollte, musste ich das Geschäft der Buchhaltung verstehen.

Soweit ich das sagen konnte, waren wir für die Quartals- und Jahressteuererklärungen verantwortlich. Dazu mussten wir Informationen von Leuten einholen, die uns oft sagten, dass sie keine Zeit und andere Prioritäten hatten. Alles in allem klang das nicht nach einem besonders aufregenden Zweck. Die Personen, die in diesem Teil der Buchhaltungsabteilung arbeiteten, waren sehr nett, doch inspiriert konnte man sie kaum nennen. Und ich hatte nicht die geringste Ahnung, wie all das dazu beitrug, unseren Kunden zu innerer Ruhe und Zukunftssicherheit zu verhelfen ... Ich holte meine Liste hervor und las sie noch einmal durch. Als ich über den dritten Punkt: *Der Zweck zeigt, in welchem Geschäft Sie – vom Standpunkt Ihrer Kunden aus gesehen – wirklich sind*, nachdachte, fiel mir plötzlich auf, dass ich gar nichts über den Standpunkt unserer Kunden wusste!

Wer waren denn eigentlich unsere Kunden? Es lag ja nahe, davon auszugehen, dass Personen aus dem höheren Management zu unseren Kunden zählten. Aber das schien nicht mit dem zusammenzupassen, was Jim gesagt hatte. Ich dachte über die Mitarbeiter nach, die steuerrelevante Informationen lieferten – die Vertreter, Schadensabwickler und sogar ein paar Kollegen in der Buchhaltung. Sie hatten immer so viel zu tun, und manchmal bekam ich nicht gleich alle Informationen, die ich brauchte. Waren sie meine Kunden, oder war ich ihre Kundin?

Ich fing an, mich in den Pausen und beim Mittagessen mit einigen dieser Leute zu unterhalten und sie nach ihrer Meinung zu fragen. Leistete die Buchhaltung ihnen irgendeinen Dienst? Gab es ein Bedürfnis, das wir erfüllten? Welche Dienstleistung, welchen Wert lieferten wir – oder konnten wir liefern –, für ihre Arbeit und für die Agentur? Waren sie unsere Kunden?

Obwohl die meisten wirklich bereit zu sein schienen, sich die Zeit für ein Gespräch zu nehmen, wussten sie nicht genau, wie sie reagieren sollten. Solche Fragen hatte ihnen noch nie jemand gestellt. Ich gewann den Eindruck, dass die Leute aus unserer Abteilung sich oft wie die Steuerprüfung verhielten – sie verlangten Daten und achteten darauf, dass sie stimmten und pünktlich eintrafen.

Nach einer ganzen Reihe von Gesprächen kam ich zu dem Schluss, dass diese Menschen tatsächlich unsere Kunden waren, weil wir ihnen und der Agentur helfen konnten, indem wir

- Möglichkeiten fanden, die Gesamtsteuerlast zu reduzieren, und so halfen, die Rentabilität der Agentur zu steigern
- dazu beitrugen, dass unsere Erklärungen auf den Grundsätzen der Ehrlichkeit und Ethik beruhten, und
- sie steuerlich berieten, sodass sie bessere geschäftliche Entscheidungen treffen konnten.

Das, was ich erfahren hatte, erzählte ich Marsha. Sie war erstaunt, aber interessiert. »So habe ich die Buchhaltung noch nie betrachtet!«, meinte sie.

Dann fing sie an, laut zu denken. »Wir müssen die Geschäftspartner unserer Kunden sein, indem wir ihnen die Informationen liefern, die sie brauchen, und Möglichkeiten finden, die Steuerlast der Agentur so weit wie möglich zu senken. Das bedeutet, dass es nicht reicht, wenn wir nur Daten zusammentragen und Formulare ausfüllen. Wir müssen proaktiv vorgehen und den Menschen die für sie notwendigen Informationen beschaffen. Wenn wir unsere Arbeit auf diese Weise betrachten, wird das unsere Zusammenarbeit mit den anderen Abteilungen verändern. Wir müssen aufhören, wie die Steuerprüfung zu denken und uns auch so zu verhalten. Wenn wir herausfinden, wie wir das leisten können, werden wir geschätzte Geschäftspartner sein. Dass unsere Arbeit wichtig ist, habe ich schon immer gewusst. Aber jetzt glaube ich, dass sie auch Spaß machen könnte.«

Sie überlegte einen Augenblick und sprach dann begeistert weiter: »Wenn wir unsere Arbeit so auffassen, hilft das der ganzen Buchhaltungsabteilung. Wir betrachten uns viel zu oft als reine Zuarbeiter und Zahlenmenschen statt als Geschäftspartner. Mir ist jetzt schon klar, dass einer der Zwecke der Buchhaltung von diesem Standpunkt aus gesehen darin besteht, zutreffende und rechtzeitige Informationen zu liefern, um unseren Partnern dabei zu helfen, gute geschäftliche Entscheidungen zu treffen.«

Marsha hielt kurz inne und sagte dann: »Ich finde, wir sollten ein Abteilungsmeeting ansetzen, um über unseren Zweck zu sprechen.«

Ich lächelte. »Es tut mir wirklich gut, dass meine Gedanken und Ansichten geschätzt werden. Das ist einer der Gründe dafür, dass ich so gern hier arbeite.«

»Wenn ich eine gute Idee höre, will ich sie auch schnell umsetzen!«, erwiderte Marsha. »Bei anderen Firmen ist das allerdings nicht immer so – wahrscheinlich noch nicht einmal in allen Abteilungen unserer Agentur. Aber es ist mein Stil und die Art, wie ich diese Abteilung führen möchte.«

»Bei mir funktioniert das jedenfalls prima!«, rief ich aus.


Jeden Morgen freute ich mich auf Jims Voicemail-Botschaft, die wir auch dann bekamen, wenn er unterwegs war. Mit jeder dieser Botschaften wuchs meine Überzeugung, ihn noch besser kennen zu lernen. Und alles, was ich über ihn erfuhr, führte dazu, dass ich ihn noch mehr mochte. Ich konnte es kaum abwarten, dass er endlich zurückkehrte und wir unsere Gespräche wieder aufnehmen konnten.

Die letzten drei Wochen waren unglaublich schnell vergangen, und meine Kinder hatte ich kaum zu sehen bekommen. Deshalb beschloss ich, das Wochenende mit ihnen zu verbringen. Doch immer, wenn ich etwas vorschlug, hatten sie schon etwas anderes vor.

Alex sprach kaum mit mir, und dann gab er auch nur einsilbige, genuschelte Wörter von sich. Wenn ich ihn etwas fragte, bestand seine Antwort unweigerlich in einer Art Grunzen. Es war doch wohl nichts mit seinen Stimmbändern passiert? Aber wahrscheinlich gehörte das einfach zur ganz normalen Entwicklung von Teenagern ... Ich beschloss, ihm ein bisschen mehr Bewegungsfreiheit zu geben.

Jen war auch nicht gerade gesprächig. Ich fand einen Zettel, auf dem der Beginn des Fußballtrainings angekündigt wurde. Als ich sie darauf ansprach, sagte sie, dieses Jahr würde sie kein Fußball spielen. Das wunderte mich, denn im Vorjahr hatte es ihr viel Spaß gemacht. Sie wollte aber nicht mit mir darüber reden, sondern zuckte nur mit den Achseln.

Also verbrachte ich einen großen Teil des Wochenendes damit, meinen Haushalt in Ordnung zu bringen. Ich ging einkaufen, machte die Wäsche und erledigte verschiedene andere Dinge, die liegen geblieben waren. Außerdem fuhr ich die Kinder und ihre Freunde zum Kino und zum Kaufhaus. Als ich das Haus am Montagmorgen verließ, blitzte es vor Sauberkeit, der Kühlschrank war gut gefüllt ... und ich sehnte mich danach, Jim wiederzusehen.

Er war tatsächlich da! Erst als ich ihn sah, merkte ich, wie sehr ich ihn vermisst hatte. Er stand auf und begrüßte mich lächelnd.

»Hallo, Ellie! Sie haben ja einiges in Bewegung gesetzt, während ich weg war!«

»Woher wissen Sie das denn?«

»Marsha hat mir eine Notiz über das Abteilungsmeeting in dieser Woche hingelegt. Offenbar haben Sie ihr Interesse geweckt. Wirklich schnelle Arbeit, und das von einer Neuen!«

Wir lachten beide. Dann fragte ich ihn nach seiner Reise.

»Es war toll! Auf diese Tagung freue ich mich jedes Jahr.« Und ganz beiläufig setzte er hinzu: »Danach sind wir noch in Colorado geblieben und mit ein paar guten Freunden und ihren Frauen Ski gefahren.«

Frauen? Ich spitzte die Ohren, zeigte aber keine Reaktion. Vielleicht meinte er ja die Frauen seiner Freunde. Bisher hatte nie jemand erwähnt, dass er verheiratet war. Aber warum auch? Schließlich wusste niemand, dass Jim und ich jeden Morgen miteinander sprachen.

»Hat Ihnen das Skifahren denn Spaß gemacht?«

»Oh ja, es war fantastisch! Der Schnee in den Rocky Mountains ist einfach toll.«

Und dann sprach er es aus. Irgendwie wusste ich, dass es kommen würde.

»Carolyn und ich fahren sehr gern nach Aspen. Das ist unser Lieblingsort!«

Ich sagte: »Aspen?« Doch in Wirklichkeit meinte ich: *Carolyn?* Damit musste ich erst einmal fertig werden. Also entschuldigte ich mich mit plötzlichen Kopfschmerzen und verließ das Zimmer – es war beinahe eine Flucht.

Das Büro war noch leer, als ich zu meinem Schreibtisch ging. Es tat mir gut, dort allein zu sitzen. Ich musste in Ruhe über das alles nachdenken. Ich fühlte mich zu Jim hingezogen; seine Gegenwart tat mir sehr wohl, denn er behandelte mich, als wäre ich etwas Besonderes. Doch er war verheiratet! Das, was Diane mir angetan hatte, hätte ich niemals einer anderen Frau antun können. Andererseits war es mir wichtig, die Beziehung zu Jim auszubauen.

Wie seine Gefühle mir gegenüber wohl aussahen? Ich wusste, dass er mich wirklich mochte, war mir jetzt aber nicht mehr sicher, auf welche Weise. Er hatte nie mit mir geflirtet. Er war einfach nett zu mir.

Was konnte es da sonst noch geben? Hier begab ich mich auf unbekanntes Terrain. Ich wollte eine enge, persönliche Beziehung – eine *wirkliche* Freundschaft. Doch ich hatte keine Ahnung, wie ich das anstellen sollte, und war mir auch nicht sicher, was er wollte. Es schien mir noch zu früh, um mit ihm über diese Dinge zu sprechen; also beschloss ich, so weiterzumachen wie bisher, ohne eine Abwehrhaltung aufzubauen, aber mit klaren Grenzen. Ich war zwar enttäuscht, aber auch erleichtert, denn in mancher Hinsicht gestaltete sich unsere Beziehung nun unbelasteter. Jetzt konnten wir wir selbst sein, ohne dass die Frage über uns schwebte, ob unsere Beziehung tiefer ging.

Später an diesem Morgen kehrten meine Gedanken noch einmal zu Jim zurück. Er schien etwas von mir zu bekommen, auch wenn ich nicht genau wusste, was. Klar war, dass er meine Fragen schätzte. Es war so, als wären wir zusammen auf einer Entdeckungsreise. Vielleicht half ich ihm, seine Ideen in Worte zu fassen oder herauszufinden, welche Prinzipien seine Handlungen leiteten. Und möglicherweise, nur möglicherweise, würden wir ein paar Ideen und Konzepte entwickeln, durch die unsere Agentur sich vorwärts, in die Zukunft, bewegen konnte.

Jims Morgenbotschaft war wie eine Bestätigung meiner Gedanken. Er beantwortete darin die Frage, die ich ihm gestellt hatte – warum er diese Botschaften über die Voicemail verbreitete.

▦ *Guten Morgen euch allen! Hier ist Jim. Ich möchte euch gern erklären, warum ich diese Botschaften mitteile.*

*Erstens möchte ich euch daran erinnern, in der Gegenwart zu leben und das Leben zu genießen.* Und alles aus der richtigen Perspektive zu sehen – wir müssen daran denken, unser Ego zurückzunehmen, und dürfen nicht glauben, dass wir der Mittelpunkt des Universums sind.

*Zweitens möchte ich dazu beitragen, dass wir uns unser Gemeinschaftsgefühl bewahren, während wir wachsen, sodass wir unsere gebündelte Energie zu unserem gemeinsamen Wohle einsetzen können.* Und ich möchte, dass ihr eure Arbeit richtig macht, und euren Beitrag anerkennen. Ich finde es wirklich großartig, dass so viele von euch auf meine Botschaften antworten, und freue mich, dass ich eure Ansichten auch an alle weitergeben darf.

*Drittens möchte ich meine Kämpfe und Freuden und das, was ich tue, was mich berührt und was ich lerne, mit euch teilen. Ich möchte euch an meinem Leben teilhaben lassen.*

*Viertens möchte ich uns daran erinnern, auf unseren Zweck konzentriert zu bleiben – auf das Geschäft, in dem wir wirklich sind. Das ist sehr wichtig, wenn wir weiter wachsen wollen. Wir dürfen nicht vergessen, weshalb wir da sind.*

*Ich wünsche euch einen schönen Tag!*

Als ich mir Jims Botschaft an jenem Tag aufschrieb, dachte ich darüber nach, inwiefern ich ihn beeinflusste. Meine Fragen hatten dazu geführt, dass er allmählich den Zweck seiner Morgenbotschaften erkannte, und das wiederum würde ihm helfen, mehr darauf konzentriert zu bleiben, diesen Zweck zu erreichen. Das war eine Bestätigung dafür, dass ich mich auch weiterhin in diese sich vertiefende Beziehung einbringen konnte – zumindest durch weitere Fragen. Ich selbst profitierte ebenfalls von unseren

Gesprächen: Ich spürte, dass mein Selbstwertgefühl allmählich wieder wuchs. Es tat mir gut, zu sehen, dass meine Gedanken und Anregungen wichtig waren.

Bei der Arbeit sah also alles bestens aus – zu Hause aber leider nicht. Am vergangenen Wochenende hatte ich versucht, meinen Kindern wieder näher zu kommen, doch sie hatten das gar nicht bemerkt. Zumindest war ich einigen der von mir vernachlässigten Pflichten wieder nachgekommen, ich hatte zum Beispiel Lebensmittel eingekauft und das Haus geputzt. So beschloss ich, abends zu einer Versammlung der Eltern-Lehrer-Vereinigung (PTA: Parents-Teacher-Association) in Jens Schule zu gehen.

Ich war schon früher in der PTA aktiv gewesen, und die Schule gefiel mir. Der Direktor und die Lehrer versuchten, die Eltern dazu zu bringen, mitzumachen, und ich hatte mich dort immer willkommen gefühlt; im letzten Jahr war meine Beteiligung allerdings sehr gering ausgefallen.

Bei der PTA-Versammlung präsentierte der Direktor zunächst die Ergebnisse der neuesten landesweiten Tests. Die Schule lag in unserem Staat leicht über dem Durchschnitt, und er machte daraus eine große Sache – obwohl unser Staat im Vergleich zu den gan-zen USA leicht unter dem Durchschnitt lag. Danach entwickelte sich eine eingehende Diskussion über die Bewertung der Tests und ihre tatsächliche Bedeutung. Die Leute äußerten verschiedene Bedenken und machten Vorschläge, wie die Schule ihre Leistungen verbessern könnte, um zu besseren Testergebnissen zu gelangen. Irgendjemand meinte, man solle im nächsten Jahr mehr Wert auf die Schreibfertigkeiten legen, während jemand anders für eine Erweiterung des Mathematikprogramms eintrat.

Mitten in einer hitzigen Diskussion über die Bedeutung der Mathematik gegenüber der Kunst hob ich die Hand. »Entschuldigung – ich würde gern eine Frage stellen, die uns helfen könnte, einige der anderen Fragen zu beantworten!« Natürlich sahen mich daraufhin alle an! »Es würde mir helfen, wenn mir jemand den Zweck unserer Schule nennen könnte.«

Schweigen.

Der Direktor räusperte sich. »Wir haben eine Missionsaussage formuliert!«

»Könnten Sie mir sagen, wie sie lautet?«

»Sie hängt gerahmt in meinem Büro an der Wand.«

»Könnten Sie mir einfach in groben Zügen erzählen, was sie besagt?«

»Nun, es geht darum, dass wir all unseren Schülern eine hochwertige Bildung bieten wollen. Sie wissen schon, solche Sachen.«

Nun wendete ich mein neues Wissen über die Kraft des Zwecks an und fragte: »Weshalb?«

Keine Antwort.

Ich ließ nicht locker. »Ich meine, warum bieten wir allen unseren Schülern eine hochwertige Bildung? Worin besteht der Zweck, unseren Kindern eine Bildung zu geben? Wir scheinen hier über das Thema Bildung zu sprechen. Aber wir müssen über das *Lernen* sprechen, das ist das Geschäft, um das es in der Schule geht. Und wir müssen dafür sorgen, dass tatsächlich ein Lernprozess stattfindet. Wir müssen uns ganz darüber im Klaren sein, was wir mit Lernen meinen und welche Art von Lernen wir meinen.«

Ich konnte gar nicht glauben, dass all das aus mir herausgesprudelt war!

Die Vorsitzende der PTA nickte. »Ich glaube, Sie sind da auf der richtigen Spur, Ellie! Vielleicht sollten wir wirklich eine Weile darüber nachdenken, worum es bei unserer Schule geht, statt uns sofort in die Problemlösung zu stürzen.«

Ein paar andere Eltern stimmten ihr sofort zu, und der Direktor schlug vor, einen Ausschuss zu bilden, eine Gruppe von Lehrern und Eltern, die an dieser Sache arbeiten und bei der nächsten Versammlung darüber berichten sollte.

Damit waren alle einverstanden – und der Direktor ernannte mich (neben ihm selbst) zur Vorsitzenden des Ausschusses! Warum musste ich auch immer den Mund so weit aufreißen?

Da saß ich also und hatte das Gefühl, mich übernommen zu haben. Doch unser Ausschuss wurde im Handumdrehen um acht Mitglieder erweitert. Und alle lächelten mich an – sie glaubten, ich wüsste, was ich tat.


Ich konnte es gar nicht abwarten, Jim am nächsten Morgen zu sehen, und stand schon um sechs vor der Firma. Er war noch nicht da, kam aber nach etwa 15 Minuten.

Er lächelte mich zur Begrüßung an, während er die Tasten drückte, um die Tür zu öffnen und die Alarmanlage auszuschalten.

»Kommen Sie immer um diese Zeit?«, fragte ich ihn, als ich hinter ihm das Gebäude betrat.

»Ja. Carolyn geht meistens schon früh mit ein paar Freundinnen spazieren. Und ich komme gern vor den anderen her, damit ich noch ein paar ruhige Minuten für mich allein habe, bevor die Hektik beginnt.« Er lächelte mich an. »Zumindest war das bisher so. Jetzt freue ich mich immer auf die fruchtbaren Gespräche mit meiner neuen Freundin.«

Nachdem er einen Augenblick geschwiegen hatte, sagte er noch: »Ich genieße unsere Morgengespräche wirklich! Ich glaube, ich bin jetzt endlich jenem ›Funkeln in den Augen‹ der Menschen ganz nahe, nach dem ich mich die ganze Zeit gesehnt habe. Und ich freue mich, dass ich Sie besser kennen lerne!«

Dann blickte er mir direkt in die Augen. »Ellie, als ich gestern von Carolyn gesprochen habe, ist mir klar geworden, dass ich Ihnen gar nichts von meiner Familie erzählt hatte. Carolyn und ich sind seit über 25 Jahren verheiratet; wir haben eine Tochter, Kristen, die bald mit der Uni fertig ist. Meine Familie ist ein sehr wichtiger Teil meines Lebens!«

»Natürlich!«, erwiderte ich. »Ich hoffe, dass ich sie irgendwann mal kennen lerne.«

Ich begriff, dass Jim unsere Beziehung definiert hatte. Es war klar, dass wir dazu bestimmt waren, mehr als nur Kollegen zu sein, doch eine Liebesaffäre würde es nicht geben. Vielleicht ließ die Beziehung, die sich zwischen uns entwickelte, sich am besten durch das Wort »besonders« beschreiben. An diesem Punkt verabschiedete ich mich von allen Träumereien, die ich gehabt haben mochte. Nun konnte ich mich auf die wirklichen Möglichkeiten konzentrieren, die die Beziehung zu Jim bot.

Da ich jetzt mehr Klarheit im Hinblick auf unsere Beziehung hatte, fiel es mir leichter, Jim um Hilfe zu bitten. Ich erzählte ihm von der PTA-Versammlung und dass ich mich überhaupt nicht dafür gerüstet fühlte, den Ausschuss zu leiten. »Ich brauche Hilfe – Ihre Hilfe, um genau zu sein!«

»Ich kann Ihre Situation gut verstehen! Aber ich finde, es ist die Aufgabe des Direktors, den Zweck zu definieren. Meiner Ansicht nach sollten Sie zu ihm gehen und ihm sagen, dass er das tun muss und dass dafür kein Ausschuss nötig ist!«

»Sie meinen, er sollte sich den Zweck einfach selbst überlegen und ihn dann allen mitteilen?« Aus irgendeinem Grund erschien mir das nicht richtig. Wahrscheinlich hätte unser Direktor den

Zweck der Schule tatsächlich selbst definieren können, doch er war keine mitreißende Persönlichkeit. Wie hätte er den Zweck der Schule da so erklären können, dass er andere Menschen inspirierte und sie sich dafür einsetzten? Und wie hätten wir, wenn er das allein machte, sicher sein können, dass die Aussage eine Basis für die anstehenden wichtigen Entscheidungen bilden würde und nicht auch gerahmt an einer Wand enden und für immer in Vergessenheit geraten würde?

»Jim, ich weiß nicht ... Mein Bauch sagt mir, dass die Verwaltung, die Lehrer, die Eltern und vielleicht sogar die Schüler daran beteiligt sein müssen. Ich glaube, dass ein Ausschuss der richtige Weg ist!«

»Gut – vertrauen Sie Ihrem Instinkt!«

»Das Problem ist, dass der Direktor mich gebeten hat, die Tagesordnung für die Sitzung aufzustellen – und ich bin mir nicht sicher, wie man das macht. Ich habe doch noch nie eine Sitzung geleitet.«

Jim half mir bei der Planung für die Sitzung. Wir kamen zu dem Schluss, dass der Zweck, den der Ausschuss definieren würde, dann auf der nächsten PTA-Versammlung nicht einfach präsentiert werden durfte, sondern dort über ihn diskutiert werden musste. Als wir fertig waren, hatten wir eine gute Tagesordnung für die Sitzung erstellt. Ich war zuversichtlich. Jim war ein großartiger Gesprächspartner, und ich war froh, dass er mir auf dieser Reise als Partner zur Seite stand!

Am Mittwochmorgen sagte Jim: »Heute ist ein großer Tag für die Buchhaltungsabteilung!«

Ich sah ihn verständnislos an. »Wieso?«

»Ist heute denn nicht das Meeting, bei dem über den Zweck gesprochen werden soll?«

»Doch, natürlich!« Ich hatte ganz vergessen, dass Marsha das Meeting gleich als Erstes an diesem Vormittag angesetzt hatte. *Das wird bestimmt interessant!*, dachte ich. *Dadurch bekomme ich die Chance, zu sehen, wie die Kraft des Zwecks sich auswirkt.*

Jims Voicemail-Botschaft gab den richtigen Ton für den Tag vor:

■■■ *Guten Morgen euch allen! Hier ist Jim. Heute möchte ich euch eine Geschichte erzählen, die zeigt, wie wichtig es ist, dass ihr den Zweck eurer Arbeit kennt. Drei Männer waren damit beschäftigt, einen Bau hochzuziehen. Da kam jemand vorbei. Der erste Arbeiter war schmutzig, verschwitzt und sah unzufrieden aus. Der Passant fragte ihn: »Was machen Sie da?« Der Arbeiter antwortete: »Ich maure!« Auch der zweite Arbeiter war schmutzig, verschwitzt und sah unzufrieden aus. Der Passant fragte auch ihn: »Was machen Sie da?« Und er antwortete: »Ich verdiene das Geld, das ich zum Leben brauche!« Der dritte Arbeiter war ebenfalls schmutzig und verschwitzt, doch er sah zufrieden und inspiriert aus. Er arbeitete genauso hart wie die beiden anderen, aber ihm schien alles viel leichter von der Hand zu gehen. Der Passant fragte auch ihn: »Was machen Sie da?« Und die Antwort lautete: »Ich baue eine Kathedrale!« Ich möchte euch alle bitten, eure Arbeit aus der Perspektive ihres Zwecks zu betrachten und nicht nur eure konkrete Tätigkeit als Maßstab heranzuziehen!*

Bei dem Abteilungsmeeting bat Marsha mich, den anderen meine Liste mit den Kriterien zu zeigen, die für die Zweckaussage wichtig waren, und ihnen zu erzählen, dass wir den Zweck vom Standpunkt unserer Kunden aus bestimmen müssten. Sie waren alle interessiert und fasziniert, und es gab eine rege Diskussion. Auf der Grundlage der Kundenperspektive entwickelten wir eine

Zweckaussage, die erklärte, in welchem Geschäft wir waren. Wir beschlossen, im nächsten Schritt die Stichhaltigkeit unserer Aussage zu testen, indem wir sie unseren verschiedenen »Kunden« präsentieren würden. Zudem wollten wir unsere »Kunden« bitten, uns Vorschläge zu unterbreiten, wie wir unseren Zweck am besten erreichen könnten. Nach dem Meeting waren wir alle begeistert und ganz bei der Sache. Es war wirklich erfrischend!

Das Meeting hatte der Gruppe sehr viel Energie verliehen, und die lebhaften Diskussionen hatten ganz erheblich dazu beigetragen. Wenn Marsha einfach nur jedem eine fertige, getippte Zweckaussage ausgehändigt hätte, wäre die Wirkung bestimmt viel schwächer gewesen. Das Meeting bestärkte mich in meiner Ansicht, dass es wichtig war, neben den Führungskräften auch die anderen einzubeziehen – und dass es viel besser sein würde, wenn der PTA-Ausschuss als Team an der Definition des Zwecks arbeitete, als das einfach dem Direktor zu überlassen.

Trotzdem hatte ich das ungute Gefühl, dass irgendetwas fehlte. So wichtig der Zweck auch war, es musste da noch etwas anderes geben!

# 2. Element: klare Werte

Am Ende der Woche fuhr Jim wieder für ein paar Tage weg, dieses Mal zu einem Treffen an seiner alten Uni. Als ich mir eines Morgens seine Botschaft anhörte, erkannte ich plötzlich, was noch fehlte – oder zumindest einen Teil davon.

*Guten Morgen euch allen! Hier ist Jim. Es ist kurz nach sieben. Hinter mir liegen ein paar wundervolle Tage, in der Gesellschaft von Kollegen und alten Freunden, Menschen, die ich seit vielen Jahren kenne. Es war eine Zeit, die meinen Werten neue Kraft gegeben hat.*

*Ich würde euch gern sagen, was meine Werte sind:*

*Der erste ist spiritueller Friede. Dass ich nach diesem Wert lebe, erkenne ich jedes Mal, wenn mir klar wird, dass Gott mich bedingungslos liebt, wenn ich für das, was er mir geschenkt hat, dankbar bin, und wenn ich bete und seine uneingeschränkte Liebe spüre.*

*Das habe ich hier sehr intensiv empfunden. Ich bin immer früh aufgestanden, habe den Tag langsam angefangen und wirklich das Gefühl inneren Friedens erlebt.*

*Mein zweiter Wert ist Freude. Dass ich nach diesem Wert lebe, erkenne ich jedes Mal, wenn mir danach zumute ist, zu spielen, oder wenn ich aufwache und dankbar bin für alles, was Gott mir geschenkt hat, für die Schönheit um mich herum und die Menschen in meinem Leben.*

*Mit alten Freunden zusammen zu sein, hat mir wirklich Freude bereitet. Wir haben viel Spaß miteinander gehabt. Wir kennen uns ja schon aus der Zeit, bevor wir es zu etwas gebracht hatten, und haben uns alle wacker geschlagen. Aber wir sorgen hier gemeinsam dafür, dass wir nicht abheben, und machen uns gegenseitig klar, dass unsere Erfolge eigentlich nichts Besonderes sind.*

*Und nun mein dritter Wert: Gesundheit. Dass ich nach diesem Wert lebe, erkenne ich jedes Mal, wenn ich meinen Körper liebe- und respektvoll behandle.*

*Hier in den Bergen merkt man schnell, wie wichtig die richtige Ernährung und genug Bewegung sind. Mir ist klar geworden, dass ich körperlich nicht mehr recht in Form bin, und ich habe beschlossen, mich von nun an wieder mehr zu bewegen und gesünder zu ernähren.*

Genau das fehlte noch! Werte!

Es war offensichtlich, dass Jim sich von seinen Werten leiten ließ. Er lebte Tag für Tag nach ihnen und war sich über sie im Klaren.

Werte! *Was bedeutet dieses Wort wirklich? Weshalb sind Werte wichtig? In welcher Verbindung stehen sie zum Zweck?* Diese Fragen beschäftigten mich den ganzen Tag.

Abends suchte ich dann in Jens Wörterbuch nach einer Definition.

WERT: »die Eigenschaft von etwas, die dazu führt, dass man es sich wünscht oder es anstrebt; z. B. der Wert wahrer Freundschaft.«

WERTE: »Überzeugungen oder Ideale.«

*Das war ja nicht gerade eine sehr handfeste Definition ... Aber anderer-*
*seits stellen Werte auch kein ausgefeiltes Konzept dar!* Trotzdem schien
mir, dass Werte mehr sind als einfach nur Überzeugungen; sie
sind tiefe Überzeugungen! Den Menschen sind ihre Werte wirklich sehr wichtig. Wir alle fühlen uns wohl, wenn wir unseren
Werten gemäß handeln.

Nachdem mir das klar geworden war, schrieb ich folgende
Definition auf:

> WERTE SIND TIEFE ÜBERZEUGUNGEN, DASS BESTIMMTE
> EIGENSCHAFTEN ERSTREBENSWERT SIND. SIE DEFI-
> NIEREN, WAS FÜR JEDEN VON UNS RICHTIG ODER VON
> FUNDAMENTALER BEDEUTUNG IST, UND SIE LIEFERN
> UNS RICHTLINIEN FÜR UNSERE ENTSCHEIDUNGEN UND
> HANDLUNGEN.

Der Zweck ist wichtig, weil er das »Weshalb« erklärt; die Werte
sind wichtig, weil sie das »Wie« erklären.

Unsere Werte sind die Antwort auf die Frage, wie wir uns Tag
für Tag verhalten wollen, während wir unseren Zweck erfüllen.

Das war es!

Um meine Theorie gleich zu überprüfen, ging ich wieder ins
Internet; ich wollte mir die Firmen ansehen, die eine gute Mission oder einen guten Zweck formuliert hatten. Hatten sie auch
klare Werte?

Als Erstes rief ich wieder die Website von Merck auf. Treffer!
Direkt unter ihrer Mission hatten sie ihre Werte aufgelistet; es
waren fünf, und alle waren klar definiert:

- *Unser Geschäft besteht darin, menschliches Leben zu erhalten und zu*
  *verbessern.* Alle unsere Handlungen müssen daran gemessen

werden, ob es uns gelingt, dieses Ziel zu erreichen. Wichtig ist uns vor allem unsere Fähigkeit, jedem zu dienen, der von der richtigen Verwendung unserer Produkte und Dienste profitieren kann, und dadurch beim Kunden dauerhafte Zufriedenheit hervorzurufen.

- *Wir haben uns den höchsten Standards der Ethik und Integrität verschrieben.* Wir tragen Verantwortung gegenüber unseren Kunden, den bei Merck Beschäftigten und ihren Familien, unserer Umwelt und den Gesellschaften, denen wir weltweit dienen. Wir entledigen uns unserer Verantwortung nicht, indem wir lediglich Phrasen dreschen und hehren Worten keine Taten folgen lassen. Unsere Beziehungen zu allen Teilen der Gesellschaft müssen den hohen Standards entsprechen, zu denen wir uns bekennen.

- *Wir streben absolute wissenschaftliche Vortrefflichkeit an und widmen unsere Forschung der Verbesserung der Gesundheit von Mensch und Tier sowie ihrer Lebensqualität.* Wir bemühen uns, die wichtigsten Bedürfnisse der Verbraucher und unserer Kunden zu ermitteln, und setzen unsere Ressourcen dazu ein, diese Bedürfnisse zu erfüllen.

- *Wir erwarten Gewinne – aber nur aus der Arbeit, die die Bedürfnisse unserer Kunden erfüllt und der Menschheit zum Vorteil gereicht.* Um dieser Verantwortung nachkommen zu können, müssen wir eine finanzielle Position einnehmen, die Investitionen in innovative Spitzenforschung ermöglicht und zu hervorragenden Forschungsergebnissen führt.

- *Wir erkennen an, dass die Fähigkeit, die Bedürfnisse der Gesellschaft und der Kunden auf bestmögliche Weise zu erfüllen, von der Integrität, dem Wissen, der Kreativität, den Fertigkeiten, der Verschiedenartigkeit und der Teamarbeit unserer Beschäftigten abhängt, und diese Eigenschaften sind uns sehr wichtig.* Daher streben wir danach, ein Umfeld zu kreieren, das von gegenseitigem Respekt, Unterstützung und Teamarbeit geprägt ist – ein Arbeitsumfeld, in dem Engagement und gute Leistungen belohnt werden und in dem stets auf die Bedürfnisse der Beschäftigten und ihrer Familien eingegangen wird.

Die Werte von Merck waren leicht zu finden, gleich auf der ersten Seite der Website – sie hingen nicht einfach nur gerahmt an irgendeiner Wand. Die Mission und die Werte des Konzerns sind offensichtlich für seine Identität als Firma ganz wichtig.

Dann sah ich mir einen Artikel aus der New York Times an. »Das ist der Kitt, der dieses Unternehmen zusammenhält!«, schrieb Michael J. Carey, Vizepräsident von Johnson & Johnson. »Die Botschaft ist die Fähigkeit, geschäftliche Ergebnisse zu liefern, nicht um jeden Preis, sondern im Rahmen unseres Wertesystems.« Der Artikel beschrieb, wie die Firma eine ihrer schwersten Krisen mithilfe Ihrer Werte bewältigt hatte: Als 1982 ein Kunde durch Cyanid in einem Tylenol-Fläschchen gestorben war, rief Johnson & Johnson das Produkt sofort zurück – obwohl das mit Kosten von über 75 Millionen Dollar verbunden war! Auf den ersten Blick war das zwar eine Riesensumme, doch langfristig gesehen hatte es den Vorteil, dass das Unternehmen diese Krise nicht nur überstand, sondern noch stärker aus ihr hervorging.

Wie war die Diskussion unter den Führungskräften, die an dieser wichtigen Entscheidung beteiligt waren, wohl verlaufen? Sie standen ja unter enormem Zeitdruck ... Hatte irgendjemand vorgeschlagen, nur die Flaschen in der Stadt, in der es zu dem Todesfall gekommen war, aus dem Verkehr zu ziehen? Hatte man überlegt, die ganze Sache zu vertuschen oder einen Sündenbock zu suchen, dem man die Verantwortung in die Schuhe schieben konnte?

Eine schnelle und richtige Entscheidung konnten jene Führungskräfte nur treffen, indem sie sich von ihren Werten leiten ließen. Und auf lange Sicht war diese schwierige Entscheidung das Beste für die Firma und die Öffentlichkeit.

Dann ging ich wieder auf die Website von CNN. Ich fand es sehr interessant, dass dieser Sender seine Werte auf der Seite mit den Stellenangeboten dazu benutzte, Mitarbeiter anzusprechen, die zu seiner Unternehmenskultur passten. Ich las: »Wir suchen Mitarbeiter, die vor allem eine Leidenschaft dafür haben, dem globalen Publikum, dem wir dienen, die Nachrichten schnell, richtig und überzeugend zu liefern. Uns geht es um die Zukunft von CNN: Wir suchen Mitarbeiter mit frischen Ideen, innovativen Standpunkten und der Bereitschaft, hart zu arbeiten. Und sie sollen sich den höchsten journalistischen Standards verpflichtet fühlen.« Fünf Werte sprangen mir sofort ins Auge: schnell, richtig, innovativ, harte Arbeit und Einhaltung journalistischer Standards.

Als ich die Werte von CNN las, fiel mir auf, wie wichtig es für eine Firma ist, ihre Werte klar auszudrücken, sodass sie Menschen anziehen kann, deren Werte mit ihren eigenen übereinstimmen.

Ich fieberte Jims Rückkehr förmlich entgegen, damit ich ihm erzählen konnte, was ich entdeckt hatte. Als ich ihn dann endlich wiedersah, fiel ich gleich mit der Tür ins Haus: »Der Zweck besagt, *weshalb*. Die Werte besagen, *wie*!«

Jim lachte. »Was für eine seltsame Begrüßung für einen Freund, den Sie eine ganze Weile nicht gesehen haben!«

»Nein, wirklich – es stimmt! Ich habe es begriffen!«

DER ZWECK BESAGT, WESHALB. DIE WERTE BESAGEN, WIE.

Aufgeregt erzählte ich Jim alles über meine Nachforschungen im Internet und meine Entdeckung, dass diejenigen Firmen, die einen wichtigen Zweck benannt hatten, auch über klar formulierte Werte verfügten. Dann drückte ich ihm ein Blatt Papier in die Hand, auf das ich geschrieben hatte:

WERTE

---

- WERTE LIEFERN DIE RICHTLINIEN DAFÜR, WIE MAN BEI DER VERFOLGUNG SEINES ZWECKS VORGEHEN SOLLTE.
- SIE SIND ANTWORTEN AUF DIE FRAGEN »WONACH WILL ICH LEBEN?« UND »WIE?«.
- JEDER WERT MUSS KLAR BESCHRIEBEN WERDEN, SODASS MAN GENAU WEISS, AN WELCHEM VERHALTEN SICH ERKENNEN LÄSST, DASS MAN NACH IHM LEBT.
- DIE WERTE MÜSSEN DIE STÄNDIGE GRUNDLAGE FÜR DAS HANDELN SEIN, DENN SONST SIND SIE NUR BLOSSE ABSICHTSERKLÄRUNGEN.
- DIE PERSÖNLICHEN WERTE DER MENSCHEN MÜSSEN MIT DEN WERTEN DER ORGANISATION IM EINKLANG STEHEN.

---

Jim betrachtete das Blatt nachdenklich. »Sie haben Recht! Auch die Werte sind ein Schlüsselelement der Vision!«

Dann befestigte er das Blatt an der Wand, neben dem mit dem Zweck. Unser neuer Weg nahm allmählich Gestalt an.

»Was sind die Werte hier – für die Agentur?«

Jim überlegte. »Das ist eine gute Frage, Ellie. Ich glaube, als die Firma noch kleiner war und mein Vater sie leitete, wurden die Werte einfach stillschweigend vorausgesetzt. Wir haben sie nie in Worte gefasst.«

»Die wirklich guten Firmen haben Werte, die ihren Zweck unterstützen«, sagte ich. »Jedenfalls ist mir das bei meiner Suche im Internet so vorgekommen.«

»Das leuchtet mir ein, denn die Werte leiten jeden Tag das Verhalten und die Entscheidungen der Menschen bei der Verfolgung des Zwecks. Wenn ich an die Werte denke, die in unserer Agentur gelten, aber nie in Worte gefasst wurden, fallen mir sofort ›Ethik‹ und ›Beziehungen‹ ein.«

»Wie helfen diese Werte denn dabei, den Zweck der Agentur zu erfüllen?«

»Wir sind in einem Geschäft, das innere Ruhe und Zukunftssicherheit gewährleistet. Das bedeutet, dass die Menschen uns vertrauen müssen. Sie können uns aber nur dann vertrauen, wenn wir ethisch handeln und positive Beziehungen entwickeln«, erklärte Jim.

»Natürlich! Und es bedeutet, dass wir uns auch gegenseitig diesen Werten gemäß behandeln müssen, nicht wahr?«

»Genau! Die Werte, die unser Verhalten unseren Kunden gegenüber leiten, sollten auch für unser Verhalten gegenüber den anderen Menschen in der Agentur maßgebend sein.«

Dann sagte er: »Ich glaube, es gibt noch einen Wert, der für uns wichtig ist: Erfolg. Wenn wir nicht so liefern, wie wir es versprochen haben, wird unsere Firma nicht wachsen.«

»Ja, das verstehe ich. Denken die anderen in der Agentur auch so?«

»Das müssen wir jetzt herausfinden!« Jim lächelte; er stand auf und verabschiedete sich.

Als ich später Jims Botschaft in der Voicemail hörte, war ich wieder einmal nicht überrascht.

▦ *Guten Morgen euch allen! Hier ist Jim. Letzte Woche habe ich über meine persönlichen Werte gesprochen. Heute möchte ich darüber reden, dass man die Werte auch anders betrachten kann. Organisationen haben nämlich ebenfalls Werte – Normen, die das Handeln der Beschäftigten Tag für Tag bestimmen. Ich habe darüber nachgedacht, von welchen Werten wir uns hier leiten lassen sollten, und möchte jetzt gern wissen, was ihr davon haltet. Ich bin der Ansicht, dass wir Werte brauchen, die etwas mit Ethik, Beziehungen und Erfolg zu tun haben, und Verhaltensweisen entwickeln müssen, die diese Werte widerspiegeln. Wir müssen darauf achten, dass wir alle ständig im Einklang mit unseren Werten handeln, und dabei müssen wir uns gegenseitig helfen. Deshalb möchte ich jetzt anfangen, darüber zu sprechen. Seid ihr auch der Ansicht, dass das unsere Werte sind? Und: Wie zeigen wir sie?*

Jims Botschaft bestärkte mich noch in der Überzeugung, dass es sehr wichtig ist, die Werte über Verhaltensweisen, die sie widerspiegeln, zu beschreiben. Als Jim über seine persönlichen Werte gesprochen hatte, hatte er nicht nur gesagt, dass Gesundheit ihm wichtig sei. Er hatte erklärt, was geschah, wenn er diesem Wert gemäß handelte, und was er tun wollte, um diese Werte auch zu leben. Jetzt sollten die Mitarbeiter in der Agentur ihm helfen, herauszufinden, wie es aussah, wenn sie nach den Werten der Firma handelten.

Als wir am nächsten Morgen gemütlich bei unserem Kaffee saßen, sagte ich: »Mit Ihrer gestrigen Botschaft scheinen Sie einiges in Gang gesetzt zu haben! Beim Mittagessen gab es kein anderes Thema als die Werte der Agentur.«

»Wunderbar! Darüber hätten wir schon lange sprechen müssen. Ich habe bereits eine Menge Antworten bekommen. Und ich werde mich bemühen, unsere Werte genauso klar zu beschreiben, wie es bei den Unternehmensbeispielen der Fall ist, die Sie im Internet gefunden haben!«

»Wissen Sie, Jim, diese Sache ist wirklich wichtig! Ich sehe doch, dass die richtig guten Firmen klare Werte haben und die Menschen dort sich von diesen Werten leiten lassen. Aber warum ist das so wichtig? Was glauben Sie?«

»Darüber habe ich auch schon nachgedacht. Dass ich meine persönlichen Werte klar gemacht habe, hat mir viel Energie gegeben. In Werten steckt eine sehr große Kraft. Ich glaube, das liegt daran, dass sie etwas mit den Gefühlen der Menschen zu tun haben. Den Menschen sind ihre Werte wichtig, und sie reagieren diesbezüglich sehr emotional: Wenn sie ihren Werten gemäß handeln, sind sie stolz darauf!«

»Dann bilden die Werte also die treibende Kraft hinter dem Zweck! Sie liefern die Energie und Kraft, die es den Menschen leichter machen, auch in schwierigen Situationen am Zweck der Firma festzuhalten ...«, sagte ich.

»Ja, wenn die persönlichen Werte mit denen der Firma im Einklang stehen, sind die Menschen engagierter und stolzer auf die Firma. Die Qualität der Arbeit wird insgesamt besser. Klar formulierte Werte sind wohl nicht zuletzt deshalb so wichtig, weil sie emotionales Engagement bewirken.«

Ich dachte einen Augenblick nach. »Außerdem tragen gemeinsame Werte dazu bei, dass sich die Mitarbeiter in der ganzen Firma einheitlich verhalten. Als ich mir so etwas noch leisten konnte, kam im Sommer alle paar Wochen eine Gartenbaufirma zu uns. Doug hatte sie angeheuert, um unseren Rasen zu düngen und das Unkraut zu beseitigen. Ich hatte sie gebeten, mir vorher Bescheid zu geben, damit ich das Spielzeug der Kinder einsammeln und es irgendwo anders hinbringen konnte. Aber das klappte überhaupt nicht! Je nachdem, wer kam, rief er vorher an oder auch nicht. Manche fingen sogar mit dem Versprühen des Giftes an, obwohl das Spielzeug noch im Gras lag. Offensichtlich gab es bei dieser Firma keine festen, einheitlichen Standards für den Umweltschutz, und dabei hätte das doch eigentlich für jeden, der unseren Rasen besprühte, ein wichtiger Wert sein müssen; aber er war offenbar nicht in Worte gefasst worden. Sonst hätten die Leute ja alle vorher angerufen und vielleicht sogar das Spielzeug vom Rasen geholt, wenn ich mal nicht da war.«

Jim führte den Gedankengang weiter: »Die Werte einer Firma hängen davon ab, in welchem Geschäft sie ist. Zu den Werten von CNN gehört Schnelligkeit, denn das Geschäft dieses Senders besteht ja darin, brandaktuelle Nachrichten zu melden. Für uns sind die Beziehungen wichtig, weil wir unseren Kunden zu innerer Ruhe und Zukunftssicherheit verhelfen. Die Werte tragen dazu bei, dass eine Kultur entsteht, die den Zweck der Firma unterstützt. Sie sind nicht nur weiche Faktoren, nicht bloß eine schöne Nebensache. Sie sind wirklich lebenswichtig, weil sie die Menschen bei der Verfolgung ihres Zwecks leiten.«

»Glauben Sie, dass es eine Rolle spielt, in welcher Reihenfolge die Werte« aufgeführt werden?« Ich erzählte Jim von dem Zeitungsartikel, den ich bei meiner Suche nach den Werten von Firmen gefunden hatte und in dem beschrieben wurde, wie die Führungskräfte von Johnson & Johnson ihre Werte als Maßstab genutzt hatten, um in der Krise nach dem Tylenol-Todesfall die richtigen Entscheidungen zu treffen. »Ihre Werte, die sie ihr

›Credo‹ nennen, sind in einer bestimmten Reihenfolge aufgeführt. Ihr wichtigster Wert ist es, Produkte von hoher Qualität zu liefern, die die Leute auch bezahlen können. Ihr *letzter* Wert besteht darin, einen guten Gewinn für die Firma und ordentliche Renditen für die Aktionäre zu erwirtschaften.

In dem Artikel hieß es, dass die Führungskräfte ihre Entscheidung damals nur deshalb so schnell fällen konnten, weil sie sich von ihren Werten leiten ließen. Ich denke nun, wenn ihre Werte nicht der Reihe nach aufgelistet gewesen wären, hätten sie ihre Entscheidung vielleicht auf der Grundlage der Rentabilität getroffen, statt vor allem das Wohl ihrer Kunden im Auge zu haben.«

Jim ließ sich das durch den Kopf gehen. Dann sagte er: »Ich glaube, Sie haben Recht! In Kristens letztem Schuljahr haben wir einen Familienausflug zur Disney World gemacht. Dabei erfuhr ich, dass ihr erster Wert Sicherheit ist, ihr zweiter Freundlichkeit. Im Idealfall richteten sie sich nach all ihren Werten. Wenn es aber einen Konflikt zwischen mehreren Werten gab, wussten sie, von welchem sie sich leiten lassen mussten.«

»Wenn also einer der Beschäftigten gerade freundlich einem Gast eine Frage beantwortete und plötzlich ein Schrei ertönte, entschuldigte er sich sofort bei dem Gast und rannte dorthin, wo der Schrei hergekommen war, weil ihn gerade sein wichtigster Wert gerufen hatte?«

Jim lachte. »Ja, das ist ein einleuchtendes Beispiel!«

»Wir sind uns also darin einig, dass die Werte in der Reihenfolge ihrer Wichtigkeit aufgeführt werden müssen?«

Jim nickte.

Danach schwiegen wir eine Weile. Wir saßen einfach nur beisammen, tranken unseren Kaffee und genossen die Gesellschaft des anderen.

Als es Zeit war, mit der Arbeit anzufangen, sagte Jim: »Heute Morgen haben wir eine ganze Menge entdeckt. Wir haben herausbekommen, warum es wichtig ist, dass Firmen ihre Werte formulieren, und dass diese Werte in der Reihenfolge ihrer Bedeutung aufgeführt werden müssen.«

Er lächelte mich an, und seine blauen Augen funkelten. »Das bedeutet natürlich, dass Ihr PTA-Ausschuss sich nicht nur mit dem Zweck befassen muss, sondern auch mit den Werten. Es sieht so aus, als ob eine ganze Menge Arbeit vor Ihnen liegt, wenn Sie sich mit voller Kraft voraus bewegen wollen!«

»Oh nein! Ich hatte ganz vergessen, dass heute Abend ja die Sitzung ist!«

Die Sitzung des Ausschusses verlief besser, als ich erwartet hatte. Ich erzählte, was Jim und ich über die Kraft eines wichtigen Zwecks und klarer Werte herausgefunden hatten. Daraufhin entwickelte sich eine lebhafte Diskussion. Es wurde dann sehr spät, aber schließlich waren wir uns über einen wichtigen Zweck vom Standpunkt des Geschäfts aus, in dem wir wirklich waren, einig: die Förderung des Lernens – wobei das Lehren eine Aktivität war, die diesen Zweck unterstützte, aber nicht der Zweck selbst. Und wir hatten die wichtigsten Werte ermittelt.

Das Ergebnis war folgende Aussage: *die Entwicklung der ganzen Person zu fördern – damit unsere Kinder lernen, wie man richtig und gern lernt, und Selbstachtung und respektvolle Beziehungen zu anderen entwickeln.*

Unser Zweck: *die Entwicklung der ganzen Person zu fördern.*

Unsere Werte: *Lernen, Selbstachtung und respektvolle Beziehungen.*

Wir wollten also, dass unsere Kinder in *allen* Bereichen eine fundierte Bildung erhielten, auch wenn einige Bereiche von den standardisierten Tests nicht erfasst wurden.

Wir beschlossen, unsere Gedanken auf der nächsten PTA-Versammlung vorzutragen. Der Direktor sagte, wenn die Lehrer, Verwaltungsmitarbeiter und Eltern diesem Zweck und diesen Werten zustimmten, würden die schwierigen Beschlüsse im Hinblick auf das Programm mit Sicherheit viel leichter sein. Er hatte sich meiner Idee jetzt völlig angeschlossen und wollte sie proaktiv verwirklichen. Ich fühlte mich großartig!

In den nächsten Wochen ereignete sich nichts Besonderes. Mir war bewusst, dass ich in der Agentur voller Energie war, mich zu Hause aber erschöpft fühlte. Wenn die Kinder am Wochenende bei mir waren, machte ich immer das Gleiche: Ich fuhr sie herum, kochte und wusch die Wäsche. An den anderen Wochenenden saß ich stundenlang vor dem Fernseher. Gesellschaftliche Kontakte hatte ich jedenfalls nicht. Erst am Sonntagabend lebte ich auf, weil ich Jim am nächsten Morgen sehen würde.

Manchmal war Jim um halb sieben noch nicht in der Firma. Eines Morgens goss es in Strömen, und ich musste eine halbe Stunde auf ihn warten. Als er dann endlich kam, war ich völlig durchnässt. Am nächsten Tag gab er mir einen Schlüssel und zeigte mir, wie die Alarmanlage abgestellt wurde. Danach trafen wir eine Vereinbarung: Wenn Jim einmal später kam, würde er mir am Vortag Bescheid geben. Das bedeutete nicht, dass er erwartete, ich würde früher kommen – doch er schien sich jedes Mal darüber zu freuen. Und um ehrlich zu sein: Ich war stets früher in der Firma, weil unsere Gespräche mir so viel bedeuteten.

# 3. Element: ein Bild von der Zukunft

»Bei der Vision fehlt uns immer noch etwas! Wir haben noch nicht alles zusammen!«, sagte Jim nachdenklich.

Ich fand, dass er Recht hatte.

»Gut, dann wollen wir uns noch einmal ansehen, was wir schon wissen. Der Zweck erklärt, weshalb wir da sind; die Werte erklären, wie wir bei der Verfolgung unseres Zwecks handeln. Und wir wissen, dass ein wichtiger Zweck und klare Werte den Menschen Energie verleihen und sie motivieren. Aber genau da liegt das Problem: Der Zweck und die Werte allein erklären nicht, wohin wir uns bewegen. Bei einer Vision geht es aber darum, irgendwohin zu gelangen. Man braucht ein Gefühl des Ziels oder der Richtung.«

»Wie wäre es mit dem Apollo-Programm? Manche Leute benutzen es als Beispiel für eine Vision.«

»Sie meinen, dass man vor dem Ende der 6oer-Jahre einen Menschen auf den Mond bringen wollte?«

»Ja, genau! Alex nimmt das gerade in der Schule durch. Er hat mir erzählt, dass es die nötige Technologie zu der Zeit, als Kennedy das Projekt auf den Weg brachte, noch gar nicht gab! Um die Mondlandung zu schaffen, musste die NASA scheinbar unüberwindliche Hindernisse überwinden.«

»Ich wette, jeder weiß noch ganz genau, was er am Tag der ersten Mondlandung gemacht hat!«, sagte Jim nachdenklich.

»Ich glaube, es ist das klare Bild von der Zukunft, das die Menschen befähigt, anscheinend Unmögliches zu leisten. Man kann sich vorstellen, dass es Wirklichkeit wird.«

»Das ist es!«, rief Jim. »Genau das fehlt uns noch – ein ›Bild von der Zukunft‹! Und mir fällt gleich noch ein anderes Beispiel dafür ein, wie viel Kraft so ein Bild verleiht. Erinnern Sie sich noch an das, was 1976 bei den Olympischen Spielen passierte?«

»Oh, damals habe ich noch nicht viel mitbekommen … Erzählen Sie es mir bitte!«

»Für diese Spiele interessierte ich mich besonders, weil ein guter Freund von mir daran teilnahm. Aber er hatte keine Chance, denn die sowjetischen Sportler sicherten sich fast alle Goldmedaillen. Sie gewannen mehr Gold als jedes andere Land, sogar bei Sportarten, bei denen sie bis dahin nicht besonders gut gewesen waren. Die anderen Länder standen vor einem Rätsel. Manche Leute unterstellten den sowjetischen Sportlern, sie seien gedopt. Aber das stimmte nicht. Der Schlüssel zu ihrem Erfolg war eine Trainingstechnik, bei der die Sportler den Ablauf des Wettkampfes visualisierten. Heute wird diese Technik von praktisch allen Sportlern benutzt. Damals war sie ganz neu, und die Ergebnisse waren wirklich beeindruckend.«

Jim erzählte weiter: »Meine Tochter Kristen hat mir erzählt, dass sie die Visualisierungstechnik benutzte, als sie Trickskilaufen lernte. Sie hatte schon mehrere Stunden trainiert, doch es gelang ihr noch nicht, die ›Hubbel‹ richtig zu umfahren, und sie hatte wenig Vertrauen in ihre Fähigkeiten. Eines Tages stand sie oben an einem besonders schwierigen Hang und beobachtete einen Mann, der so geschmeidig und rhythmisch nach unten glitt, dass es aussah, als würden seine Skier tanzen. Kristen stellte sich dann vor, dass sie selbst so geschmeidig und rhythmisch hinabfuhr. Sie sah es im Geiste wirklich vor sich ... Und was passierte? Sie schaffte es! Sie ›tanzte‹ den Hang hinunter. Seitdem hat Kristen die Visualisierung in ganz unterschiedlichen Situationen benutzt. Sie hat mir auch erzählt, dass viele Sporttrainer jetzt über die ursprüngliche Technik hinausgegangen sind und sich auf die Visualisierung des Endziels konzentrieren. Mit anderen Worten: Die Sportler sollen nicht mehr die Turnkür, den Sprung oder den Abfahrtslauf mental durchgehen, sondern sich vorstellen, dass sie auf dem Podest stehen und die Goldmedaille umgehängt bekommen!«

EIN BILD VOM ENDERGEBNIS!

Plötzlich fiel mir ein, dass ich bei meinen Nachforschungen über den Zweck und die Werte eine Aussage von CNN gefunden hatte, nach der es die Vision des Senders war, »auf der ganzen Erde gesehen zu werden, in Englisch und in der Landessprache«. Das war wirklich ein klares Bild des Endergebnisses – ein Bild von etwas, was in der Zukunft geschehen sollte. Wie Steve Jobs' Vision von einem Computer auf jedem Schreibtisch. Es war ein scharfes Bild, kein vages Konzept wie »die Nummer 1 werden«. Solche Aussagen liefern keine Klarheit im Hinblick auf das Ziel oder die Richtung.

Jim und ich waren uns also einig, dass das dritte Schlüsselelement einer zwingenden Vision ein Bild von der Zukunft war.

EIN BILD VON DER ZUKUNFT IST EIN SCHLÜSSEL-
ELEMENT DER VISION.

Ich erinnerte mich daran, dass ich nach Jens Geburt sehr zugenommen hatte. Ein Jahr später wog ich immer noch zehn Kilo
zu viel. Der Arzt setzte mich auf Diät, und ich hielt sie widerstrebend ein. Wochenlang aß ich nur Miniportionen und fühlte
mich irgendwie betrogen, wenn ich auf Selleriescheiben kaute,
während der Rest meiner Familie zum Nachtisch genüsslich Eis
löffelte. Schließlich gab ich es auf – ich beschloss, lieber dick und
glücklich zu sein als halb verhungert und unglücklich; allerdings
war ich immer noch der Meinung, ich sei zu dick. Ich war also in
eine Sackgasse geraten.

Nach ein paar Wochen kam ich dann auf etwas, was tatsächlich funktionierte. Ich holte meine Lieblingsjeans aus dem
Schrank – in die ich natürlich nicht mehr hineinpasste – und
hängte sie im Schlafzimmer auf. Jeden Abend vor dem Einschlafen und jeden Morgen vor dem Aufstehen sah ich sie mir an und
stellte mir vor, dass ich sie trug. Ich visualisierte, wie ich in ihr
aussehen würde – und merkte, dass mir das Energie verlieh und
Mut machte. Ich fing wieder mit der Diät an, doch dieses Mal
konzentrierte ich meine Energie auf das Bild, wie ich aussehen
wollte, nicht auf das Eis, auf das ich verzichtete. Und das war ein
gewaltiger Unterschied! Ich nahm tatsächlich ab ...

Statt mich mit dem zu beschäftigen, was mir entging, hatte
ich mich auf ein Bild von dem, was ich erreichen wollte, konzentriert: in meiner Jeans gut auszusehen.

Ich erzählte Jim diese Geschichte. Wir waren beide überzeugt,
dass wir ein wichtiges Prinzip entdeckt hatten:

DIE KRAFT DES BILDES WIRKT, WENN MAN SICH AUF
DAS KONZENTRIERT, WAS MAN ERREICHEN WILL, STATT
AUF DAS, WAS MAN LOSWERDEN WILL.

Wir dürfen nicht *reaktiv*, sondern wir müssen *proaktiv* handeln.

Als ich abends nach Hause fuhr, dachte ich über die Kraft des Bildes nach. Die Vision von Martin Luther King hatte mich schon immer tief bewegt. Ich hatte seine berühmte Rede zu Hause. Jetzt holte ich sie hervor und war davon beeindruckt, welch starke Bilder sie malte.

Ich habe einen Traum: dass eines Tages, in den roten Bergen von Georgia, *die Söhne ehemaliger Sklaven und die Söhne ehemaliger Sklavenhalter sich zusammen* an den Tisch der Brüderlichkeit *setzen können*. ... Ich habe einen Traum: dass *meine vier kleinen Kinder eines Tages in einem Land leben, wo sie nicht nach ihrer Hautfarbe beurteilt werden*, sondern nach ihrem Charakter. ... Ich habe einen Traum: dass die Situation im Staat Alabama ... sich eines Tages so ändert, dass *kleine schwarze Jungen und Mädchen kleinen weißen Jungen und Mädchen die Hände reichen und als Brüder und Schwestern miteinander aufwachsen können*. ... Wir können dazu beitragen, dass der Tag schneller kommt, an dem alle Kinder Gottes, Schwarze und Weiße, Juden und Heiden, Protestanten und Katholiken, *sich die Hände reichen* und mit den Worten jenes alten Negro-Spirituals *singen* können: Endlich frei! Endlich frei! Dank sei Gott dem Allmächtigen – wir sind endlich frei!

Was für lebendige Bilder! Wenn ich die Augen schloss, konnte ich sie sehen. Das waren keine vagen Aussagen über die Bedeutung von Freiheit und Brüderlichkeit, sondern klare Bilder, die zeigten, wie Freiheit und Brüderlichkeit aussehen. Ich kam zu dem Schluss, dass in einem klaren Bild vom angestrebten Endergebnis eine ungeheure Kraft liegt.

Denn mir fiel auf, dass Martin Luther King nur Bilder schuf, die das Endergebnis zeigten; bei keinem einzigen ging es um den Prozess, der dahin führte. Er hatte es seinen Zuhörern überlassen, sich darüber Gedanken zu machen, wie das Endergebnis zu erreichen war. Doch die Bilder, die er heraufbeschwor, wirken noch heute, sie dienen immer noch als Zeichen für eine gewaltige Veränderung.

Am nächsten Morgen gab ich Jim Martin Luther Kings Rede und erzählte ihm von dem zweiten Grundprinzip, das ich entdeckt hatte.

> DIE KRAFT DES BILDES WIRKT, WENN MAN SICH AUF DAS ENDERGEBNIS KONZENTRIERT, NICHT AUF DEN PROZESS, DURCH DEN ES ZU ERREICHEN IST.

Wir schrieben alles, was wir über das dritte Element entdeckt hatten, auf ein Blatt und befestigten es dann neben den beiden anderen Blättern an der Wand:

BILD VON DER ZUKUNFT

- EIN KLARES BILD VOM ENDERGEBNIS, DAS MAN TATSÄCHLICH SEHEN KANN
- SICH AUF DAS KONZENTRIEREN, WAS MAN ERREICHEN WILL, NICHT AUF DAS, WAS MAN LOSWERDEN WILL
- SICH AUF DAS ENDERGEBNIS KONZENTRIEREN STATT AUF DEN PROZESS, DER ZU IHM FÜHRT

Jim sagte: »Als ich die Rede von Martin Luther King gelesen habe, ist mir aufgefallen, dass sie nicht nur ein Bild vom Endergebnis zeichnet. Sie enthüllt auch Grundwerte wie Brüderlichkeit, Einheit und gegenseitigen Respekt.«

Wir hatten sie endlich entdeckt!

DIE DREI SCHLÜSSELELEMENTE EINER

ZWINGENDEN VISION:

- WICHTIGER ZWECK
- KLARE WERTE
- EIN BILD VON DER ZUKUNFT

Wir lehnten uns zurück, dachten über das nach, was wir gelernt hatten, und waren sehr zufrieden mit uns.

»Wäre eine Vision auch dann zwingend, wenn sie nicht alle drei Elemente enthalten würde?«, fragte ich Jim.

»Das glaube ich nicht! Bei dem Apollo-Programm hatte die NASA zweifellos ein klares Bild vom Endergebnis, auch wenn der Prozess, durch den man es erreichen konnte, nicht so klar war. Das Bild konzentrierte die Energie der NASA, und den Leuten dort gelang Erstaunliches – auch wegen des motivierenden Bildes von der Zukunft! Aber seitdem haben sie es nie wieder geschafft, diese Energie, diesen Vorwärtsdrang aufleben zu lassen.«

»Ja, da haben Sie Recht! Ich hätte gedacht, dass sie inzwischen schon auf dem Mars gelandet sein würden.«

»Meiner Meinung nach ist das Problem, dass sie sich nicht klar über den Grundzweck geeinigt hatten. Weshalb haben wir es damals gemacht? Um den Wettlauf im All zu gewinnen, um SDI zu ermöglichen oder um – wie bei *Raumschiff Enterprise* – ›neue Galaxien zu entdecken, die nie ein Mensch zuvor gesehen hat‹? Und weil dieser Grundzweck fehlte, gab es auch nichts, was zukünftige Entscheidungen hätte leiten können. Seitdem sind der NASA keine herausragenden Leistungen mehr gelungen.«

Ich dachte eine Weile über das nach, was Jim gesagt hatte. »Dann war das Apollo-Projekt also gar keine Vision – es war nur ein Ziel, ein Ziel mit einem starken Bild.«

»Genau! Meiner Ansicht nach ist eine Vision dauerhaft. Man kann sich auch dann weiter von ihr leiten lassen, wenn die Ziele erreicht worden sind. Daher kann man durch eine einfache Frage herausfinden, ob es sich um eine Vision oder nur um ein Ziel handelt: ›Was jetzt?‹ Eine Vision bietet eine klare Richtung für zukünftige Aktivitäten – man kann sich, nachdem die bisherigen Ziele erreicht wurden, von ihr bei der Formulierung neuer Ziele leiten lassen. Ohne eine Vision aber ist alles vorbei, wenn das Ziel erreicht wurde.«

»Das haben Sie gut ausgedrückt!«, sagte ich. »Glauben Sie, dass das in jeder Situation gilt?«

»Ja. Nehmen wir doch Ihre Geschichte als Beispiel – Sie hatten ein Bild vom Endergebnis, doch als Sie das gewünschte Gewicht erreicht hatten, also Ihr Ziel, gab es keine weitere Motivation mehr!«

Ich ließ mir seine Worte durch den Kopf gehen. Ja, er hatte wirklich Recht! Wieder dünn zu sein war nur ein Ziel gewesen, keine Vision, obwohl ich ein Bild vom Endergebnis im Kopf hatte. Abzunehmen hätte ein Schritt auf dem Weg zu etwas Größerem sein können, wie einem gesunden Körper oder einem positiven Selbstbild.

»Ich finde, wir sollten uns eine griffige Definition für ›Vision‹ überlegen!«, sagte ich schließlich. »Das wird uns helfen – Ihnen, wenn Sie über Ihre Vision für die Agentur nachdenken, und mir bei meiner Arbeit in der Buchhaltung und in Jens Schule.«

Unsere Definition sah dann so aus:

DEFINITION DES BEGRIFFES VISION

---

- EINE VISION BEDEUTET, ZU WISSEN, WER MAN IST,
  WOHIN MAN GEHT UND WOVON MAN SICH DABEI
  LEITEN LASSEN WILL.

---

»Diese Definition ist einfach toll!«, rief Jim begeistert aus. »Sie ist griffig, sagt aber trotzdem viel mehr aus als alle anderen, die ich kenne. Sie zeigt, dass zu einer Vision alle drei Elemente gehören. ›Wissen, wer man ist‹ bedeutet, dass man sich über seinen Zweck im Klaren ist. ›Wohin man geht‹ ist das Bild von der Zukunft. Und ›wovon man sich dabei leiten lassen will‹ sind die Werte.«

»Genau! Wenn man nicht weiß, wer man ist, spielt es eigentlich keine Rolle, wohin man geht!«

»Und wenn man irgendwohin geht, muss man sich darüber im Klaren sein, von welchen Werten man sich dabei leiten lassen will, damit man die schwierigen Entscheidungen treffen kann, die notwendig sind, wenn man auf Hindernisse stößt!«, ergänzte Jim.

»Nur so kann man sich ›mit voller Kraft voraus‹ bewegen!«, sagte ich. »Wenn man auf einem Dampfschiff ist, hat man ja keine Kontrolle über das Wetter. Man kennt das Reiseziel, aber vielleicht muss man ein bisschen vom geplanten Kurs abweichen, um einem schlimmen Sturm oder einem Eisberg auszuweichen. Unsere Werte erlauben es uns dann, den Kurs so zu ändern, dass wir unser wahres Ziel nicht aus dem Blick verlieren.«

»Woher weiß man aber, dass die eigene Vision wirklich zwingend ist?«, fragte Jim.

Wir stellten eine Checkliste zusammen, um zu prüfen, ob eine Vision wirklich klar ist. Sie sah so aus:

## CHECKLISTE: EINE KLARE VISION

- HILFT UNS, ZU VERSTEHEN, IN WELCHEM GESCHÄFT WIR WIRKLICH SIND
- LIEFERT RICHTLINIEN, DIE UNS DABEI HELFEN, DIE JEDEN TAG ANFALLENDEN ENTSCHEIDUNGEN ZU TREFFEN
- BIETET EIN BILD VON DER ANGESTREBTEN ZUKUNFT, DAS MAN WIRKLICH SEHEN KANN
- IST DAUERHAFT
- HAT ETWAS MIT »GRÖSSE« ZU TUN – NICHT NUR DAMIT, BESSER ZU SEIN ALS DIE KONKURRENZ
- IST INSPIRIEREND – WIRD NICHT NUR IN ZAHLEN AUSGEDRÜCKT
- BERÜHRT HERZ UND GEIST VON ALLEN
- HILFT JEDEM, ZU ERKENNEN, WIE ER SELBST DAZU BEITRAGEN KANN, SIE ZU VERWIRKLICHEN

Jim und ich kamen zu dem Schluss, dass eine Vision, die diesen Test bestand, aller Wahrscheinlichkeit nach eine klare Richtung vorgeben und die Menschen motivieren würde.

Wir waren beide ganz aufgeregt, denn wir waren überzeugt, dass wir gerade etwas wirklich Wichtiges erforschten und lernten – etwas, in dem viel Kraft steckte. Jim sagte, es mache außerdem auch noch Spaß, gemeinsam an diesem Puzzle zu arbeiten. Zusammen fanden wir Dingen heraus, die wohl keiner von uns allein entdeckt hätte. Wir waren einfach ein prima Team!

»So!«, verkündete Jim nachdenklich. »Jetzt kommt das Schwierigste: eine Vision für die Agentur zu entwickeln, die diesen Test besteht!«

Am nächsten Morgen erinnerte Jims Voicemail-Botschaft mich daran, dass eine Vision nicht nur für Organisationen wichtig ist, sondern auch für jeden Einzelnen von uns.

▦ *Guten Morgen euch allen! Hier ist Jim.*
*Gestern Abend habe ich entdeckt, dass wir selbst es sind, die über die Zukunft unserer Firma und die Zukunft von uns allen entscheiden. Denn wir können wählen:*
  1. *Für wen wollen wir da sein?*
  2. *Wer wollen wir sein?*
*Vielleicht denkt ihr, dass das so klingt, als wäre es das Gleiche. Aber das stimmt nicht! Die erste Frage »Für wen wollen wir da sein?« bedeutet: Wer ist unser Publikum, wer sind unsere Kunden? Wem spielen wir zu? Wen versuchen wir zufrieden zu stellen?*
*Ich habe es ja schon einmal gesagt: Wenn wir glauben, dass unser Selbstwert von unserer Leistung und von der Meinung anderer abhängt, sitzen wir in einer Falle, weil unsere Selbstachtung immer wieder gefährdet ist. Wenn es uns aber um höhere Werte geht, ist das etwas anderes. Dann können wir das tun, was richtig ist, weil wir wissen, dass es das Richtige ist, und werden nicht durch die Meinung, die andere von uns haben, angetrieben. Das erlaubt es uns, integer zu handeln.*
*Bei der zweiten Frage geht es darum, wer wir sind. Was ist unser Zweck? Weshalb sind wir da? Meiner Ansicht nach ist es sehr wichtig, dass wir alle darüber nachdenken, weshalb wir da sind und was wir zu tun versuchen. Ohne einen klaren Zweck können wir nämlich hin und her gerissen und in alle möglichen Richtungen gedrängt werden, weil wir nicht wirklich wissen, weshalb wir da sind.*
*Wenn wir diese beiden Fragen beantworten und dann in unserem Kopf Bilder davon erschaffen, wie es aussieht, wenn wir entsprechend handeln, können wir unser wahres Leben leben und den*

*Reichtum und die Freude genießen, die das mit sich bringt, und uns*
*mit voller Kraft voraus bewegen.*

Jims Botschaft erinnerte mich daran, dass die Konzepte für die Erschaffung einer klaren Vision, die wir entdeckt hatten, für Organisationen die gleichen waren wie für jeden Einzelnen. Einen wichtigen Zweck, klare Werte und ein Bild davon, wie es aussieht, wenn wir unbeirrt nach ihnen leben – das brauchen Organisationen genauso wie jeder von uns. Dadurch bekommt unser Leben eine Bedeutung und eine Richtung und wir können uns auf die richtigen Dinge konzentrieren und großartige Ergebnisse erzielen.

# Eine Vision für die Familie

Seit ich in der Agentur angefangen hatte, waren schon über zwei Monate vergangen. Ich fühlte mich dort sehr wohl. Mir gefiel meine Arbeit, das Gefühl, etwas geleistet zu haben. Außerdem freute ich mich, dass ich meinen Lebensunterhalt selbst bestreiten konnte und sogar ein bisschen Geld für neue Kleidung, einen Kinoabend und ein Handy übrig hatte.

Es erfüllte mich mit Genugtuung, dass ich unserer Abteilung geholfen hatte, durch die Kraft einer gemeinsamen Vision konzentrierter zu arbeiten und mehr Energie aufzubauen. Ich mochte die Menschen, mit denen ich zusammenarbeitete, und fand das, was sie taten, wichtig. Die Firma gefiel mir auch. Am wichtigsten aber war, dass mein Leben durch meine Beziehung zu Jim mehr Tiefe bekommen hatte. Jim förderte das Beste in mir zutage, und er sagte, dass auch ich ihm half, sich und die Agentur weiterzuentwickeln. Ich war überzeugt, dass die Agentur durch die neue Vision in ganz andere Dimensionen vorstoßen würde. In der Buchhaltung konnte man das schon beobachten!

Am frühen Montagmorgen saßen Jim und ich an unserem Tisch und tranken Kaffee. Ich erzählte Jim, wie sehr mein Leben sich zum Positiven entwickelt hatte, seit ich in der Agentur arbeitete.

Plötzlich klingelte ein Telefon. Ich sah Jim an – auch er wirkte überrascht. In dem Zimmer mit den Kopierern gab es nämlich gar kein Telefon! Das Läuten kam aus meiner Handtasche, von meinem neuen Handy. Ich kramte es hervor. Der Anrufer war mein Sohn Alex.

»Mama, reg dich bitte nicht auf! Auf dem Schulweg haben mich ein paar Jungen verprügelt. Mir geht es gut, wirklich! Ich bin jetzt bei der Polizei, und die Beamtin möchte mit dir sprechen.«

Mir stockte der Atem. *Was ging da bloß vor sich?*

»Ihrem Sohn scheint nicht viel geschehen zu sein!«, sagte die Polizistin. »Er hat allerdings kurz das Bewusstsein verloren und eine Verletzung an der Stirn. Der Krankenwagen ist schon unterwegs. Sie können gleich ins Krankenhaus fahren. Ich würde gern mit Ihnen sprechen!«

Ich spürte Panik in mir aufsteigen und rannte aus dem Zimmer. Jim lief hinter mir her. »Was ist denn passiert?«

»Alex ist verletzt! Ich muss ins Krankenhaus.«

»Ich komme mit!«, sagte Jim. »Wir nehmen mein Auto – Sie sehen nämlich nicht so aus, als könnten Sie fahren.«

Damit hatte er wirklich Recht.

Unterwegs versuchte ich, mich ein bisschen zu beruhigen, und erzählte ihm, was ich wusste – viel war es ja nicht ... Er schlug mir vor, Doug anzurufen, und das machte ich dann auch. Ich konnte ihn zwar nicht erreichen, hinterließ aber Nachrichten in seinem Büro und seiner Wohnung.

Als wir am Krankenhaus ankamen, waren Alex und die Polizistin schon da. Alex wartete gerade auf einen Arzt. Er drehte sich um und sah mich an – und ich erschrak: Er hielt sich einen blutigen Lappen über das Auge!

»Mama!« Er fing an zu weinen. Ich war so entsetzt, dass ich ebenfalls in Tränen ausbrach.

»Was ist passiert?«

Alex war so durcheinander, dass er nicht sprechen konnte. Er stammelte nur ein paar Worte, die keinen Sinn ergaben. Der Arzt kam herein und begann mit der Untersuchung. Alex war direkt über dem Auge verletzt.

»Das ist nicht schlimm, aber es muss genäht werden!«, sagte der Arzt ruhig. »Und weil der Junge das Bewusstsein verloren hat, müssen wir ihn zur Sicherheit heute Nacht hier behalten.«

*Er sollte über Nacht bleiben? Was ging hier eigentlich vor?*

Die Polizistin bat mich, ihr zu folgen. Um Alex kümmerte sich jetzt eine Krankenschwester, und er schien sich einigermaßen beruhigt zu haben. Ich sah Jim an, der die ganze Zeit neben mir gestanden hatte, wie ein Fels in der Brandung. Er kam mit.

Die Beamtin sagte: »Eine Nachbarin hat uns angerufen. Offenbar ist Ihr Sohn von drei Jungen angegriffen worden. Einer schlug ihm einen Stein an den Kopf. Als er hinfiel, liefen die drei weg. Die Nachbarin fand ihn dann benommen am Boden. Mehr kann ich Ihnen im Augenblick auch nicht sagen. Alex scheint sich kaum an etwas erinnern zu können, aber er hat mir erzählt, dass die drei Jungen es schon länger auf ihn abgesehen haben. Deshalb würde ich jetzt gern wissen, was Sie bisher in dieser Sache unternommen haben.«

Ich starrte sie an, ohne auch nur ein Wort herauszubringen. *Was ich unternommen hatte? Wie hätte ich etwas unternehmen können, wo ich doch von gar nichts gewusst hatte?* Das erklärte ich der Beamtin dann auch. Sie musterte mich von oben bis unten; ich hatte das Gefühl, dass sie versuchte, mich als Mutter zu beurteilen, und dass ich dabei nicht gut abschnitt ... Schließlich sagte sie: »Falls Sie Anzeige erstatten möchten, können Sie uns anrufen oder auf die Wache kommen.« Dann gab sie mir ihre Telefonnummer und ging.

Ich drehte mich um und sah Jim ratlos an. Er legte mir den Arm um die Schulter. »Eins nach dem anderen, Ellie! Jetzt wollen wir erst einmal sehen, wie es Alex geht.«

Also gingen wir in das Untersuchungszimmer zurück. Der Rest des Tages zog an mir vorbei, ohne dass ich richtig wahrnahm, was passierte. Die Verletzung wurde von einem Chirurgen genäht und verbunden. Alex wurde in ein Krankenzimmer gebracht; man zog ihm einen Kittel an und gab mir seine blutigen Sachen. Jim fuhr in die Firma zurück, ich blieb im Krankenhaus. Doug rief an. Ich erklärte ihm, was geschehen war, und er versprach, nach der Arbeit vorbeizukommen. Dann war Jens Schule aus, und ich hatte immer noch keine Gelegenheit gehabt, mit Alex zu sprechen. Ich beschloss, Jen von der Schule abzuholen, damit sie nicht ein leeres Haus vorfand und sich wunderte, was los war.

Ich erzählte Jen, was mit ihrem Bruder passiert war. Sie war zwar aufgeregt, erstaunlicherweise aber nicht überrascht. »Ich habe mir schon gedacht, dass es irgendwann dazu kommen wür- de. Vielleicht unternimmt jetzt endlich mal jemand etwas.« Sie schien wütend zu sein, und ich nahm an, dass ihre Wut den drei Jungen galt.

Doug sagte, Jen könne bei ihm schlafen, sodass ich abends bei Alex bleiben könne. Ich setzte Jen bei Doug ab und fuhr dann wie- der ins Krankenhaus. Als ich versuchte, mit Alex zu sprechen, war er ausgesprochen einsilbig. Ich vermutete, dass das an den Medikamenten lag, die man ihm gegeben hatte, oder dass er nach all den Ereignissen einfach erschöpft war, und drang des- halb nicht weiter in ihn.

Spät am Abend fuhr ich dann nach Hause, wo niemand auf mich wartete. Ich war verwirrt und wie erschlagen. Jim hatte mir eine Nachricht auf den Anrufbeantworter gesprochen: »Hallo, Ellie, hier ist Jim! Rufen Sie mich an – egal, wie spät es ist!« Wie gut es tat, Jims Stimme zu hören! Den ganzen Tag über hatte ich mich nur auf Alex und Jen konzentriert. Doug hatte seine Pflicht als Vater erfüllt, doch für mich war er nicht da gewesen. Wer hätte das auch schon erwartet? Er war ja nicht einmal für mich da gewesen, als wir verheiratet waren, wieso hätte das jetzt anders sein sollen? Erst als ich Jims teilnahmsvolle Stimme auf dem Anrufbeantworter hörte, merkte ich, wie einsam ich mich fühlte.

Ich wählte die Nummer, eine junge Frau war am Apparat. Natürlich glaubte ich, dass ich mich verwählt hätte, und entschuldigte mich.

Doch die junge Frau fragte: »Sind Sie Ellie?«

»Ja!«

»Ich bin Kristen, Jims Tochter. Mein Vater hat mir gesagt, dass Sie wahrscheinlich anrufen würden. Das mit Ihrem Jungen tut mir Leid!« Sie gab den Hörer an ihren Vater weiter.

»Wie geht es Alex?«

In Jims Stimme lag echte Anteilnahme. Bei ihm brauchte ich nicht die Starke zu spielen ... Unter Tränen erzählte ich ihm, was ich wusste.

»Ich bin froh, dass Alex nichts Schlimmes passiert ist!«, sagte Jim. »Ich weiß, dass heute für ihn und auch für Sie ein sehr schlimmer Tag gewesen ist. Außerdem mache ich mir Sorgen um Jen.«

Das begriff ich nicht. »Jen? Ihr geht es gut, sie ist bei ihrem Vater.«

Was Jim dann sagte, ließ es mir eiskalt den Rücken hinunterlaufen. »Ellie, Sie müssen sich darum kümmern, was bei Ihnen zu Hause los ist! Es fällt mir nicht leicht, darüber zu sprechen, aber ich wage es, weil Sie mir wichtig sind. Ich habe ja gesehen, wie Sie mit der Polizistin gesprochen haben. Es ist ganz klar, dass Sie Ihre Kinder lieben, aber Sie scheinen nichts über ihr Leben zu wissen. Ich finde, dass Sie einmal ernsthaft mit den beiden reden müssen!«

Nach dem Telefonat mit Jim überfielen mich fürchterliche Kopfschmerzen. Als ich zum Medizinschränkchen taumelte, sah ich mich im Spiegel – aber nur verschwommen, ich konnte mich kaum erkennen.

Den größten Teil der Nacht lag ich dann wach und grübelte darüber nach, was eigentlich bei uns zu Hause vorging und was ich als Mutter nun zu tun hätte.

Manchmal schmerzt es, sich der Wahrheit zu stellen. Es ist viel leichter, sich an die Illusionen zu klammern, die wir von den Dingen haben, oder sich über Veränderungen, die uns aufgezwungen werden, zu ärgern. In jener Nacht wurde mir allmählich klar, dass ich beides gemacht hatte. Ich hatte mir immer gesagt, dass es den Kindern gut ging, denn sie beklagten sich ja nicht. Und ich hatte an meiner Wut auf Doug festgehalten, weil ich dadurch ihm die Schuld daran geben konnte, dass unsere Familie zerstört war, und mich vor der Verantwortung drücken konnte, eine neue aufzubauen. Ein langer Blick in den Spiegel kann ein richtiger Schock sein!

Am nächsten Tag holte ich Alex schon früh aus dem Krankenhaus ab. Ich hatte mir Urlaub genommen. Während der Heimfahrt wirkte Alex in sich gekehrt und niedergeschlagen. Zu Hause machte ich ihm etwas zu essen. Als wir dann am Tisch saßen, sagte ich: »Alex, ich habe dich sehr lieb! Vielleicht habe ich dir das in der letzten Zeit nicht genug gezeigt. Ich möchte wissen, was los ist, weil du mir wichtig bist und ich dir helfen will. Bitte erzähl mir alles – über unsere Familie, über mich als eure Mutter, über die Schule und die Jungen, die dich angegriffen haben. Ich möchte dir zuhören, und ich bin da!«

94

Da öffnete Alex sich – seine Gedanken und seine Wut sprudelten nur so aus ihm heraus.

»Was mit mir passiert, interessiert dich doch gar nicht mehr! Dir ist bloß noch deine Arbeit wichtig! Wir sind gar keine Familie mehr. Ich bin allein, wirklich allein, und dich kümmert das einfach nicht!«

»Es tut mir Leid, Alex! Es tut mir so Leid!« Ich nahm seinen Kopf in meine Hände, und er begann zu schluchzen.

Als er sich wieder ein bisschen gefasst hatte, sagte er: »Diese Jungen haben es schon seit Monaten auf mich abgesehen. Sie haben sich über mich lustig gemacht, weil ich der einzige Junge in meiner Kunstklasse war. Ich habe dann ja mit Kunst aufgehört, aber sie haben trotzdem weitergemacht. Ich habe versucht, sie einfach nicht zu beachten, aber da ist es nur noch schlimmer geworden. Gestern langte es mir! Auf dem Schulweg sind sie mir nachgelaufen und haben mich wieder beschimpft. Da habe ich auch auf sie geschimpft, ich habe Wörter benutzt, die du mir nie erlauben würdest, Mama. Ich dachte, dann würden sie endlich aufhören, aber plötzlich prügelten alle drei auf mich ein. Ich weiß nicht mal genau, wer mir den Stein gegen die Stirn geschlagen hat. Und danach erinnere ich mich an fast gar nichts mehr. Ich glaube, eine Frau kam aus dem Haus gelaufen, und da kriegten es die Jungen mit der Angst zu tun und rannten weg. Sie hat wohl die Polizei gerufen.«

»Alex, warum hast du mir denn nichts davon erzählt?«

Er schwieg einen endlosen Augenblick lang, als ob er sich vor einer Antwort drücken wollte. Ich saß einfach nur da und wartete.

Schließlich antwortete er mir doch: »Ich habe es dir ja schon gesagt, Mama – du bist immer so mit deiner Arbeit beschäftigt. Und außerdem weiß ich, dass du möchtest, dass ich mit meinen

Problemen allein fertig werde. Du hast ja selbst so viele, da brauchst du nicht auch noch meine!«

Es gelang mir nur mit Mühe, die Tränen zurückzuhalten. Er hielt es für seine Aufgabe, mich zu beschützen! »Weiß denn irgendjemand, was da los war?«

»Ja, Jen – aber sonst niemand.«

»Ach, wahrscheinlich war sie deshalb nicht überrascht ... Sie wirkte eher wütend als aufgeregt.«

»Ich glaube, dass sie wirklich wütend ist, Mama!«

Allmählich wurde mir klar, wie sehr ich meine Verantwortung als Mutter vernachlässigt hatte.

»Wir müssen jetzt zwei Probleme lösen, Alex! Das eine sind diese Jungen. Niemand erwartet von dir, dass du mit so einem Problem allein fertig wirst. Dabei müssen dein Vater und ich dir helfen. Morgen erstatten wir Anzeige. Außerdem werden wir dafür sorgen, dass die Eltern der drei davon erfahren, und die Schule informieren. Die Jungen müssen dich endlich in Ruhe lassen!«

Alex sah plötzlich sehr erleichtert aus.

»Das andere Problem müssen Jen, du und ich gemeinsam lösen. Wir müssen über unsere Familie sprechen – darüber, was mit uns passiert ist und wie wir es besser machen können.«

Als Jen nachmittags aus der Schule kam, erwarteten Alex und ich sie mit frisch gebackenen Keksen und Milch. Ich hatte ja ein paar Stunden Zeit gehabt, um über alles nachzudenken, und war dabei zu dem Schluss gekommen, dass ich den Kindern zuhören musste. Also berief ich ein Familientreffen ein.

Jen rechnete schonungslos mit mir ab – ich wäre eine grottenschlechte Mutter. Ich konnte sehen, dass auch Alex wütend war, doch er brachte das nicht so unbarmherzig zum Ausdruck wie seine Schwester.

»Mama, wir haben das Gefühl, dass wir dir gar nicht mehr wichtig sind!«, klagte Jen. »Du kochst nicht mehr für uns, sondern bestellst Pizza oder machst Nudeln aus der Dose. Morgens bist du immer schon weg, wenn ich aufwache. Du bringst mich nicht mehr ins Bett, erzählst mir keine Geschichten, und einen Gutenachtkuss bekomme ich auch nicht mehr!«

Ich erklärte Jen, dass ich nicht gemerkt hatte, wie schlimm das alles für sie und Alex war, und dass es mir wirklich Leid tat. Ich nahm sie in den Arm, wischte ihr die Tränen weg und sagte: »Kleines, von jetzt an wird alles anders!«

Sie schniefte. »Mir fehlen die Geschichten, die du dir immer ausgedacht hast!«

Ich musste zugeben, dass Jen Recht hatte. Ich hatte es wirklich vermasselt! Bei der Arbeit hatte ich mich viel besser gefühlt, aber die Hinweise auf die Probleme zu Hause hatte ich völlig übersehen. Meine scheinbar so unabhängigen, selbstständigen Kinder brauchten mich wirklich, und ich war nicht für sie da gewesen! Ich fühlte mich einfach schrecklich.

Das Wunderbare an Kindern ist, dass sie so schnell bereit sind, zu verzeihen, und überhaupt nicht nachtragend. Sie sind uns gegenüber längst nicht so hart wie wir selbst. Nach einer Weile legten sich die Vorwürfe und die Tränen versiegten.

Nach dem Abendbrot kam ich wieder auf dieses Thema zu sprechen. »Mir hat es auch gefehlt, dass ich euch keine Geschichten mehr erzählt habe – und ich möchte, dass wir uns jetzt gemeinsam eine ausdenken! Eine über die Art von Familie, die wir sein wollen. Und dann möchte ich, dass wir das alles auch wirklich umsetzen.«

Wir fingen an, über unsere Hoffnungen und Träume für unsere Familie zu sprechen. Wir sagten uns, was wir voneinander erwarteten; wir redeten darüber, warum die Familie wichtig ist und was unser Zweck als Familie war; wir stellten unsere wichtigsten Werte zusammen und überlegten uns, wie wir handeln und wie wir von den anderen behandelt werden wollten; wir sprachen darüber, was uns wirklich aufbrachte oder unsere innersten Werte verletzte.

Danach beantwortete jeder von uns die Frage: »Was liegt mir wirklich am Herzen?« Wir entwarfen ein Bild davon, wie es aussehen würde, wenn wir wirklich die Art von Familie sein würden, die wir sein wollten. Wir sprachen darüber, wie unsere Beziehungen und Gefühle dann aussehen würden, wie wir uns gegenüber uns selbst fühlen würden, was wir tun und sagen würden, wie unser Zuhause sein würde, was wir zusammen machen würden und was lieber allein. Wir malten uns stundenlang aus, wie die ideale Zukunft aussehen würde.

Je mehr wir darüber sprachen, desto klarer wurde mir, dass das alles wirklich möglich war. Um eine Familie zu sein, brauchten wir keinen Vater bei uns zu Hause. Was wir aber brauchten, war eine klare Vision.

Nachdem die Kinder ins Bett gegangen waren, schrieb ich eine Zusammenfassung dessen nieder, was wir gesprochen hatten. Als ich mich später selbst für die Nacht fertig machte, merkte ich plötzlich, dass die Kopfschmerzen, die mich fast den ganzen Tag über geplagt hatten, verschwunden waren. Und als ich in den Spiegel schaute, sah ich ein Gesicht, das mich anlächelte.

Beim Frühstück zeigte ich die Zusammenfassung den Kindern, und sie gefiel ihnen gut. Sie nahmen zwar ein paar Änderungen vor, doch das Wesentliche blieb erhalten.

*Der Zweck unserer Familie ist es, uns gegenseitig in unserer Entwicklung zu unterstützen und zu unserer Gemeinschaft beizutragen. Unsere Werte sind Liebe, Achtung, offene Kommunikation, Lernen und Spaß. Wir wissen, dass wir nach unseren Werten handeln, wenn wir das Recht von jedem von uns achten, zu sein, wer er ist, wenn wir die Wahrheit so aussprechen, dass die anderen sie hören können, uns gegenseitig ermutigen, die Dinge auf eine neue Weise zu sehen, und zusammen spielen und lachen.*

*Unsere Mutter ist immer für uns da. Auf sie können wir uns verlassen. Sie weiß, wie es uns in der Schule ergeht, und erhofft für uns das Beste. Sie ist für uns als liebende Mutter, berufstätiger Elternteil und jemand, dem wir uns anvertrauen können, ein Vorbild. Auch Jen und Alex tragen zum Wohlergehen der Familie bei. Wir erledigen unsere Aufgaben, ohne dass man uns daran erinnern muss, denn wir verlassen uns alle aufeinander. Wir unterstützen die Weiterentwicklung der anderen, indem wir uns gegenseitig dabei helfen. Wir unterstützen mit Spenden wichtige Projekte und opfern Zeit dafür. Wir tanzen zusammen, wir spielen Karten und erzählen uns Geschichten. Vollkommen sind wir nicht, und das wollen wir auch gar nicht. Aber wir wollen aus unseren Fehlern lernen. Manchmal streiten wir uns, aber eventuelle Verletzungen machen wir immer wieder gut, denn unsere Liebe ist stärker als alles andere. Auch wenn wir älter werden und unser Leben sich verändert, wird unsere Liebe uns stets verbinden, und unsere Träume werden uns immer leiten.*

Ich befestigte das Blatt am Kühlschrank, damit wir es so oft wie möglich lesen konnten.

Wir hatten es tatsächlich geschafft! Wir hatten eine Vision von unserer Familie entwickelt – einen wichtigen Zweck, klare Werte und Bilder davon, wie wir werden wollten, wie es aussehen würde, wenn unser Zweck und unsere Werte erfüllt wären. Und weil es eine gemeinsame Vision war, wusste ich, dass wir alle im gleichen Boot saßen und uns nun mit voller Kraft voraus bewegen konnten. Was für eine Erleichterung!

Ich war ungeheuer stolz auf uns! Ein Problem blieb allerdings noch zu lösen: Einer der Schlüsselpunkte der Vision war ja, dass ich immer für meine Kinder da war. Weil sie noch lange nicht erwachsen waren, hieß das, dass ich morgens zu Hause bleiben musste, bis sie in die Schule gingen. Und das wiederum bedeutete, dass ich mich morgens nicht mehr mit Jim treffen konnte. Diese ganz besondere Zeit mit ihm wollte ich aber eigentlich nicht aufgeben ...

Bei einem jedoch war ich mir ganz sicher: Meine Familie ist das Wichtigste in meinem Leben – für immer!

# Wer die Gegenwart nicht berücksichtigt, kann die Zukunft nicht gewinnen

An jenem Tag fuhr ich nicht in die Firma. Ich schickte Jim eine E-Mail, in der ich ihm für seine Hilfe dankte und kurz von meinen Gesprächen mit den Kindern berichtete. Außerdem bat ich ihn, mich nach der Arbeit zu Hause anzurufen, da ich gern mit ihm sprechen würde.

An jenem Abend telefonierten Jim und ich lange miteinander. Ich erzählte ihm ausführlich von meinen Gesprächen mit den Kindern, davon, dass ich über meine Verantwortung als Mutter nachgedacht hatte, und von unserer Familienvision. Er war beeindruckt und hilfsbereit. Wir waren beide der Ansicht, dass es ein wichtiger Teil jeder Vision ist, in Bezug auf die aktuelle Situation, also die Realität, ehrlich zu sein – dass eine ehrliche und zutreffende Beurteilung der Gegenwart sogar genauso wichtig ist wie eine Vision von der Zukunft. Das lässt sich nicht trennen! Ich musste lachen, als Jim sagte: »Wer die Gegenwart nicht berücksichtigt, kann die Zukunft nicht gewinnen!«

Damit hatte er wirklich Recht! Marsha zum Beispiel war ungeheuer aufgeregt, seit wir eine gemeinsame Vision für die Buchhaltung entwickelt hatten. Sie sah, dass eine gute Entwicklung begonnen hatte. Es gab jedoch auch ein paar Probleme, die sie einfach ignorierte. Ein Mitarbeiter aus der Abteilung spielte nicht mit, und niemand stellte ihn deshalb zur Rede. Wir anderen arbeiteten notgedrungen ohne ihn an der Vision, aber das machte es für uns schwieriger – und es erschien mir nicht richtig. Wenn unsere Abteilung keine ehrliche und zutreffende Beurteilung der gegenwärtigen Situation vornahm, würde es uns nicht gelingen, unsere Vision ganz zu verwirklichen. Das passiert nämlich, wenn man sich auf die Zukunft konzentriert, ohne sich auch mit der Gegenwart zu befassen.

Dann dachte ich an die umgekehrte Situation – wenn die Menschen sich auf die Gegenwart konzentrieren, ohne eine Vision für die Zukunft zu haben. Da fiel mir sofort Doug ein. Er konzentrierte sich immer auf das, was in der Gegenwart problematisch war. Deshalb war er ständig damit beschäftigt, sich zu beklagen, er reagierte nur statt zu agieren. Er steckte völlig in der Gegenwart fest! Und er konnte nicht einmal ehrlich gegenüber sich selbst sein und feststellen, dass auch er eine Rolle bei unseren familiären Problemen spielte. Deshalb konnte er nicht auf die Zukunft einwirken. Stattdessen gab er einfach auf.

Ich kam zu dem Schluss, dass beides wichtig ist: eine klare Vision für die Zukunft und eine ehrliche Betrachtung der Gegenwart. Wenn man zwar eine Vision hat, sich aber nicht mit der Gegenwart beschäftigt, verliert man die Bodenhaftung. Und im umgekehrten Fall ist es, als ob man im Schlamm feststeckt.

Ich hatte so lange nachgedacht, dass Jim schließlich fragte: »Sind Sie noch da?«

»Oh ja! Aber ich habe gerade etwas sehr Wichtiges begriffen: Damit die Vision klarer wird, muss man die gegenwärtige Situation betrachten und eine Bilanz ziehen. Dabei muss man ehrlich zu sich selbst sein – und das ist schwer, wenn man sich selbst oder jemand anders Vorwürfe macht. Mit diesen Vorwürfen muss man aufhören, denn sie führen dazu, dass man die Wahrheit nicht sehen kann. Man muss beides tun – sich auf die Vision konzentrieren, aber auch im Hinblick auf die Beurteilung der Gegenwart ehrlich sein.«

»Das stimmt!«, sagte Jim. »Ich muss gerade an die *Titanic* denken. Was für ein wundervolles Dampfschiff! Sie wurde mit der klaren Vision entworfen, gebaut und vom Stapel gelassen, dass sie das größte, luxuriöseste und stärkste Dampfschiff aller Zeiten werden sollte. Alle beteiligten Personen waren völlig auf ihre Vision konzentriert. Auf unvorhergesehene Ereignisse waren sie jedoch nicht vorbereitet. Sie beurteilten die Realität nicht ehrlich. Sie wussten ja von den Eisbergen, entschieden sich aber trotzdem dafür, ihren Zeitplan um jeden Preis einzuhalten, und ignorierten diese Gefahr einfach. Der Untergang der *Titanic* ist ein Beispiel dafür, was passieren kann, wenn man sich nur auf seine Vision konzentriert, ohne gleichzeitig auch die Gegenwart zu berücksichtigen.«

Jim fuhr fort: »Nur wenn man beides macht, wenn man sich auf seine Vision konzentriert *und* im Hinblick auf die gegenwärtige Situation ehrlich ist, kann man sich mit voller Kraft voraus bewegen. Das bedeutet: Sobald einem die Vision bewusst wird, muss man anfangen, nach ihr zu leben. Schon in der Phase, in der sie entsteht, muss man auf der Grundlage von dem, was man weiß, handeln. Man muss die Vision in seine Gegenwart integrieren.«

»Also geht es bei der Vision gar nicht nur um die Zukunft, sondern auch um die Gegenwart!«, rief ich.

»Genau!« Und dann sagte Jim etwas, was mich sehr beeindruckte:

WIR MÜSSEN AUS DER VERGANGENHEIT LERNEN,
FÜR DIE ZUKUNFT PLANEN
UND IN DER GEGENWART LEBEN.
MIT ANDEREN WORTEN: WIR MÜSSEN SCHON JETZT
NACH UNSERER VISION LEBEN!

Ich sagte: »Wenn ich jetzt nach der Vision unserer Familie lebe, bedeutet das aber das Ende unserer Morgengespräche! Ich mache mir Sorgen darüber, wie sich das auf unsere Beziehung auswirken wird. Diese Gespräche sind mir nämlich sehr wichtig! Sie sind etwas ganz Besonderes, und sie helfen mir dabei, gut in den Tag zu starten. Es würde mir wirklich schwer fallen, sie aufzugeben. Andererseits weiß ich aber, dass ich für meine Kinder da sein muss. Diese Zeit am frühen Morgen ist auch für sie sehr wichtig.« Ich hoffte, dass Jim eine Lösung einfallen würde.

Wie immer antwortete er mir ohne Umschweife: »Ellie, unsere Gespräche haben auch mein Leben bereichert, und sie bedeuten uns beiden viel. Auch ich möchte sie nicht aufgeben! Ihre Kinder müssen aber wirklich an erster Stelle stehen. Berufen Sie doch ein Familientreffen ein und erzählen Sie ihren Kindern von unseren Gesprächen und wie wichtig sie für uns beide sind. Vielleicht sind sie ja damit einverstanden, dass Sie einmal in der Woche früher in die Firma kommen? Das wäre doch eine gute Lösung!«

Ja, ich würde mit Jen und Alex darüber sprechen. Ich wusste, dass ich darauf achten musste, dass sie dabei ehrlich zu mir waren. Da Ehrlichkeit zu unserer Familienvision gehörte, konnte ich als Erstes diese Vision noch einmal ansprechen – das würde zu einem offenen, ehrlichen Gespräch über eine Problemlösung führen. Ich merkte schon, dass die Vision unserer Familie sehr dabei helfen würde, sich weiterzuentwickeln.

Dann machte Jim mir einen interessanten Vorschlag: »Ich habe über Alex nachgedacht. Sie haben mir doch erzählt, dass er gern malt und zeichnet, aber mit dem Kunstkurs aufgehört hat, weil er dort der einzige Junge war.«

»Ja, das stimmt!«, erwiderte ich. »Er ist sich nicht sicher, wie viel er von seiner weicheren Seite zeigen soll. Ich fürchte, nach dieser Sache mit den drei Schlägern hat er das Gefühl, dass er härter auftreten muss.«

»Es wäre doch wirklich schade, wenn er sein Talent verkümmern ließe! Meine Tochter Kristen verbringt den Sommer bei uns, sie will stundenweise in der Agentur arbeiten, im Marketing. Sie wissen ja, dass sie Kunst studiert hat – vielleicht würde es ihr Spaß machen, Alex privat ein paar Stunden zu unterrichten. Sie ist schon immer gern mit jüngeren Kindern zusammen gewesen – vielleicht, weil sie keine Geschwister hat. Wie finden Sie das?«

»Was für eine tolle Idee! Unsere Familienvision besagt, dass wir uns gegenseitig in unserer Entwicklung unterstützen wollen. Auf diese Weise könnte Alex sich künstlerisch weiterentwickeln und außerdem ganz in Ruhe darüber nachdenken, wie er von jetzt an nach außen auftreten will. Wir sollten mit Alex und Kristen sprechen und sie fragen, was sie davon halten!«

*Was für erstaunliche Dinge doch geschehen, wenn man eine klare Vision hat! Wenn man außerdem im Hinblick auf die gegenwärtige Situation ehrlich ist, muss man sich gar nicht alles so genau überlegen. Dann ereignen sich positive Dinge nämlich ganz von selbst. Was für ein Geschenk!* Ich war unendlich dankbar.

Die Kinder waren einverstanden, dass ich einmal in der Woche früher zur Arbeit fahren würde – nur nicht montags, denn am Anfang der Woche wollten sie mich gern zu Hause haben. Jim und ich suchten uns dann den Dienstag als »unseren Morgen« aus, und so wurden uns wöchentliche Gespräche zur Gewohnheit.

Kristen gab Alex in jenem Sommer tatsächlich Kunstunterricht, und zwischen den beiden entwickelte sich eine sehr gute Beziehung. Kristen war eine ganz erstaunliche junge Frau und für Alex eine wundervolle »große Schwester«; ihr Rat und ihre Freundschaft halfen ihm wirklich sehr.

# Klare Sicht

Unsere Gespräche am Dienstagmorgen wurden jetzt konzentrierter. Jim arbeitete an seiner Vision für die Agentur, ich an meiner Vision für mein Leben.

Inzwischen kannte ich Jim und seine Familie viel besser. Alex besuchte Kristen oft bei Jim zu Hause, und wenn ich ihn hinbrachte oder abholte, unterhielt ich mich meistens mit Carolyn. Als ich wieder einmal auf Alex wartete, vertraute sie mir etwas an: »Ich weiß, dass Jim und Sie über Visionen sprechen. Das ist sehr wichtig für ihn! Solange es ihm nicht gelingt, seine eigene Vision für die Agentur zu entwickeln, wird er nämlich immer im Schatten seines Vaters stehen.«

Kurz darauf sprachen Jim und ich am Dienstagmorgen wieder einmal über Visionen. Ich dachte an meine Ehe und sagte: »Als die Sonne schien und alles gut lief, war es leicht, eine Vision zu haben! Ich glaubte, ich wüsste, wohin ich ging, und wäre auf dem richtigen Weg. Wir heirateten, bekamen die Kinder und lebten unser Leben. Ich dachte gar nicht darüber nach, wie meine Vision aussah. Alles lief nach Plan.«

Jim schwieg und gab mir Zeit, meine Gedanken in Worte zu fassen. Schließlich fuhr ich fort: »Ich war kein Mensch, der viel über das Leben nachdenkt. Ich lebte einfach. Das funktionierte auch wunderbar, bis Doug uns verließ. Ich war völlig durcheinander. Ich machte ihm Vorwürfe, und mir selbst auch. Tatsächlich war ich aber damals nicht glücklich gewesen – das hatte ich mir nur nicht eingestehen wollen. Wenn ich mir über meine Vision im Klaren gewesen wäre oder wenn Doug und ich eine gemeinsame Vision gehabt hätten, hätten wir darüber sprechen können, wo das, was wir machten, mit dieser Vision im Einklang stand und wo nicht. Vielleicht hätten wir unsere Beziehung dann noch in den Griff bekommen.«

Wir saßen schweigend da, jeder in seine Gedanken vertieft. Schließlich sagte Jim: »Bei mir ist es genauso. Ich wusste immer, dass ich eines Tages die Firma von meinem Vater übernehmen würde. Das wünschten alle in meiner Familie, und ich glaube, ich selbst auch. Zumindest habe ich nie an etwas anderes gedacht. Vielleicht war das ja eine Vision. Aber klar war sie nicht – denn ich kann die Firma offenbar nicht so glänzend führen, wie mein Vater es konnte. Eine Vision sollte uns leiten. Ich habe das Gefühl, dass ich immer nur einen kleinen Schritt vorwärts mache, und ich bin nicht sicher, wohin mein Weg führt.«

Ich lächelte Jim an. Wie offen und ehrlich er mir gegenüber war! Ich musste an das denken, was Carolyn zu mir gesagt hatte. Vielleicht hatte sie ja Recht! Also beschloss ich, Jim einen kleinen Schubs zu geben.

»Ich habe über das nachgedacht, was wir im Zusammenhang mit den Visionen herausgefunden haben. Wir haben entdeckt, dass zu einer klaren Vision drei Elemente gehören: ein wichtiger Zweck, klare Werte und ein Bild von der Zukunft. Diese Elemente müssen klar herausgearbeitet und verstanden werden. Jim, ich glaube, dass Sie sehr wohl wissen, wie Ihre Vision aussieht. Sie haben mir ja schon erzählt, wie diese drei Elemente Ihrer Ansicht nach für die Agentur mit Leben gefüllt werden können – Sie haben sie nur noch nicht zusammengefügt! Ich will versuchen, Ihnen zu erklären, wie ich das meine.«

Nach einer kleinen Pause sagte ich: »In der ersten Woche, nachdem wir uns kennen gelernt hatten, haben Sie mir den Zweck Ihrer Agentur genannt. Sie erinnern sich doch noch daran? Sie sagten, Ihr Geschäft sei es, den Kunden innere Ruhe und Zukunftssicherheit zu geben – die Agentur müsse ihnen finanzielle Sicherheit für den Fall der Fälle bieten und die Gewissheit, dass sie Hilfe bekommen, wenn sie eine Versicherung in Anspruch nehmen müssen. Stimmt's?«

»Ja, natürlich! Das ist etwas, was ich von meinem Vater gelernt habe.«

»Und Sie sind auch selbst davon überzeugt?«

»Oh ja! Das Wissen, dass wir einen wichtigen Zweck haben, motiviert mich ja, die Firma zu leiten.«

»Gut. Später haben Sie dann auch die Werte identifiziert, die Ihrer Ansicht nach die Menschen bei der Verfolgung dieses Zwecks leiten ...«

»Ja, das stimmt auch!« Jim sah mich neugierig an. »Die Werte sind *Ethik*, *Beziehungen* und *Erfolg*.«

Jetzt kam es drauf an! Ich holte tief Luft. »Dann sagen Sie mir doch, wie es aussehen würde, wenn jeder in der Firma ständig nach diesem Zweck und diesen Werten leben würde!«

Ich konnte nur hoffen, dass Jim das als eine lohnende Aufgabe betrachten würde, nicht als Beleidigung ...

Zu meiner Erleichterung lachte er. »Gut, Ellie, ich werde es Ihnen sagen.«

Und dann schilderte er mir die Bilder, die die mögliche Zukunft seiner Agentur zeigten.

»Meine Vision ist, dass wir wirklich innere Ruhe und Zukunftssicherheit bieten – jedes Mal, jedem einzelnen Kunden.

Das bedeutet, dass wir vertrauensvolle Beziehungen zu unseren Kunden aufbauen. Wir helfen ihnen, die für ihre spezielle Situation besten Produkte auszuwählen; und wenn sie einen Schaden regulieren lassen wollen, ist nur ein einziger Anruf erforderlich, nämlich bei uns. Wir kümmern uns um alles. Es bedeutet außerdem, dass wir auch in der Agentur eine Atmosphäre der inneren Ruhe erzeugen. Jede Abteilung und jeder Einzelne sind sich darüber im Klaren, wie sie zu unserer Vision beitragen. Wir können uns darauf verlassen, dass wir alle unsere Verpflichtungen einhalten, dass wir uns gegenseitig mit Respekt behandeln – und das bedeutet wiederum, dass wir uns über unsere Rollen im Klaren sind und uns gegenseitig in die Pflicht nehmen und notfalls auch zur Verantwortung ziehen. Bei Unstimmigkeiten denken wir an den Kunden, nicht an uns selbst. Wir verfügen über das Wissen und die Kompetenz, für unsere Kunden den größtmöglichen Nutzen zum kleinstmöglichen Preis zu erreichen, und bieten ihnen als ihre Vertreter bei der Regulierung von Schäden mehr Service als jede andere Agentur.«

Jim atmete durch und fuhr fort: »Wenn uns das gelingt, werden unsere Kunden die beste Werbung für uns machen; sie alle werden uns ihren Freunden und Verwandten weiterempfehlen. Die Stadt wird anerkennen, dass unsere Firma für die Gemeinschaft wichtig ist. Und jeder, der hier arbeitet, wird Tag für Tag gern herkommen, weil er stolz darauf und froh darüber ist, hier zu arbeiten.«

Jim sah mich gespannt an – und ich war schlicht überwältigt.

»Da war alles drin!«, sagte ich aufgeregt. »Zweck, Werte und ein Bild von der Zukunft. Und es funktioniert! Wie fühlen Sie sich jetzt?«

»Ich bin erstaunt. Nein, voller Energie! Das ist wirklich das, was ich für die Firma will. Sie haben Recht – ich habe es schon die ganze Zeit gewusst! Ich habe das Gefühl, dass ich mich mit voller Kraft voraus bewege!«

Ich musste lachen. »Genau davon sind wir ja ausgegangen – dass eine Vision diese Wirkung hat! Und wissen Sie was? Ich fühle mich auch voller Energie! Ich will im selben Boot sitzen. In Ihrer Vision steckt jede Menge Dampfkraft!«

Wir schwiegen und freuten uns über das, was wir herausgefunden hatten.

Als wir dann aufstanden, um an die Arbeit zu gehen, sagte Jim: »Ich glaube, bevor ich irgendetwas tue, werde ich noch eine Weile in Ruhe über das alles nachdenken!«

Danach sprach er wochenlang nicht mehr über seine Vision. Ich nahm an, dass er eingehend über sie nachdachte und sie sich noch genauer vorstellte.

In den nächsten Wochen konzentrierte ich mich auf meine persönliche Vision. Ich hatte ja gesehen, wie stark die Wirkung einer gemeinsamen Vision für meine Familie war, und deshalb war ich noch motivierter, auch eine Vision für mich selbst zu entwerfen. Durch die Entwicklung der Familienvision war ungeheuer viel Energie freigesetzt worden – faule Wochenenden gab es für mich nicht mehr!

Außerhalb meiner Familie und der Arbeit hatte ich aber immer noch kaum Kontakte zu anderen Menschen. Und obwohl ich wirklich gern in der Agentur arbeitete, musste ich mir eingestehen, dass meine Aufgaben in der Buchhaltung mich nicht befriedigten.

Etwas hatte ich inzwischen herausgefunden: Bei meiner Vision musste es um die *Qualität* des Lebens, das ich führen wollte, gehen, nicht um die Details. Eine meiner Freundinnen war überzeugt, dass es für sie keine Erfüllung geben würde, solange sie nicht den richtigen Mann fand. Eine andere wünschte sich sehnlichst ein Kind, ein Freund den Doktortitel. Mir fiel auf, dass alle drei sich so an bestimmte Ziele klammerten, als *wären* sie die Vision. Und das führte zu Verwirrung.

Natürlich konnte man so etwas bei anderen viel leichter erkennen als bei sich selbst ...

Bei einem meiner Gespräche mit Jim schnitt ich das Thema ›Werte‹ an.

»Ich weiß, dass ich mir über meine Werte im Klaren sein muss, wenn ich eine Vision entwickeln will. Die Werte der Agentur leuchten mir ein und leiten mich bei der Arbeit, aber ich bin mir nicht sicher, ob das auch meine persönlichen Werte sind.«

Jim sagte: »Die Werte der Agentur haben eine Bedeutung für Sie, weil sie mit Ihren persönlichen Werten in Einklang stehen. Deshalb passen Sie ja so gut hierhin. Aber in Ihren persönlichen Werten spiegelt sich das wider, was *Ihnen* am wichtigsten ist.«

»Ich erinnere mich noch sehr gut daran, wie beeindruckt ich war, als Sie in Ihren Voicemail-Botschaften über Ihre Werte gesprochen haben. Wie haben Sie sie denn herausgefunden?«

»Das ist gar nicht schwierig. Wir alle wissen, was unsere Werte sind, auch wenn wir sie noch nicht in Worte gefasst haben. Stellen Sie sich doch Fragen wie ›Was ist mir am wichtigsten?‹ oder ›Wofür stehe ich?‹ und warten Sie ab, was dabei herauskommt! Je wichtiger Ihnen etwas ist, desto mehr nähern Sie sich Ihren Kernwerten.«

»Ich glaube, ganz so einfach ist es nicht, Jim!«

»Gut, dann habe ich drei Fragen für Sie. Suchen Sie sich eine aus und beantworten Sie sie. *Erstens:* Denken Sie an eine wichtige Entscheidung, die Sie treffen mussten – welche Dinge haben

Sie dabei berücksichtigt? *Zweitens:* Worauf sind Sie stolz, bei der Arbeit oder bei Ihren persönlichen Beziehungen? *Drittens:* Stellen Sie sich eine riskante Situation vor. Was würde Sie dazu bringen, sich vorwärts zu bewegen, statt ihr aus dem Weg zu gehen?«

»Gut – ich beginne mit Nummer 3. Es wäre eine riskante Situation, einer Kollegin zu sagen, dass sie mich verletzt hat.«

»Was wäre daran riskant?«

»Dass es uns vielleicht nicht gelingen würde, den Konflikt zu lösen, und dass sie danach nichts mehr mit mir zu tun haben möchte.«

»Und was würde Sie dazu bringen, das Risiko einzugehen, ihr zu sagen, dass sie Sie verletzt hat?«

Ich dachte einen Augenblick nach. »Wenn ich einigermaßen sicher wäre, dass ihr etwas an mir liegt und dass sie den Konflikt lösen will.«

»Das hört sich so an, als wären Ihnen Beziehungen wichtig!«, sagte Jim.

Doch für mich passte das nicht ganz. Mir waren nämlich nicht alle Beziehungen wichtig, und ich hatte nicht viele Freunde. Ein paar enge Freunde hatte ich schon, und meine Familie liebte ich von ganzem Herzen. Das waren die Beziehungen, die mir wichtig waren ...

»*Liebevolle* Beziehungen sind mir wichtig, nicht einfach Beziehungen allgemein!«, rief ich. Damit hatte ich einen meiner Kernwerte erkannt.

Den Rest der Woche fragte ich mich ständig: *Was ist mir wirklich wichtig? Was bedeutet mir am meisten? Was ist für das, was ich bin, absolut wesentlich? Wofür stehe ich?* Ich dachte an einen Freund, zu dessen Werten offenbar Geld gehörte. Manchmal sagte er das sogar! Ich fragte mich, ob Geld für ihn wirklich ein Wert war oder ob die Anhäufung von Reichtum für einen tieferen Wert stand. Vielleicht

Macht? Status? Erfolg? Die Kontrolle über sein Schicksal? Die Antwort konnte wohl nur er selbst geben.

Durch die Gespräche mit Jim wurde mir schließlich bewusst, welche drei Werte mir am meisten bedeuteten: *liebevolle Beziehungen*, *Wahrheit* und *kreativer Ausdruck*.

Auch meinen Zweck konnte ich nun bestimmen: *der Welt um mich herum zuzuhören, meine Ideen, Hoffnungen und Träume und die anderer Menschen zu verstehen und mich auf eine kreative Weise klar auszudrücken.*

Eines Morgens saß ich dann Jim gegenüber und las ihm mein Bild von der Zukunft vor:

*In der Liebe zu mir selbst öffne ich mich für liebevolle Beziehungen. Meine wahre Kraft und mein Selbstwertgefühl kommen aus meinem Inneren. Obwohl es mir Freude macht, meine tiefsten Erfahrungen anderen mitzuteilen, bin ich für die Erfüllung meines Zwecks nicht auf Hilfe angewiesen. Ich halte mich mental, emotional und körperlich gesund.*

*Ich bewege mich auf die Wahrheit zu, um sie zu hören und zu bezeugen. Ich höre und spüre Hoffnungen und Träume, Ideen und Überzeugungen – meine eigenen und die von anderen. Durch das Zuhören helfe ich mir selbst und anderen, unsere Träume auf eine bewusste Ebene zu heben, sodass wir sie auf kreative Weise ausdrücken und in Worte fassen können. Ich bin nicht der Mittelpunkt der Welt, aber durch mich drückt sich das Leben kreativ aus.*

Jim sah mich verwirrt an. »Das ist Ihre Vision?«

»Ja!«, antwortete ich stolz.

»Sie ist wundervoll, aber ich verstehe sie nicht. Ich dachte, dass Ihre Vision ein Bild davon geben soll, wie die Zukunft aussieht, wenn Ihre Zwecke und Werte sich erfüllen.«

»Dass *Sie* das Bild nicht sehen können, spielt keine Rolle. Es ist ja *meine* Vision. Und ich kann das Bild sehen!«

Dann erklärte ich ihm einige der Gedanken, die in meine Vision eingeflossen waren. »Als meine Ehe zerbrach, habe ich viel gelernt – auch, dass ein großer Teil meiner Identität darauf beruhte, dass ich Ehefrau und Mutter war. Nachdem Doug mich verlassen hatte, hatte ich das Gefühl, niemand zu sein, beinahe so, als würde ich gar nicht wirklich existieren. Seit ich Sie kenne und wir angefangen haben, an einer Vision zu arbeiten, bin ich ein ganzes Stück gewachsen. Diese Vision beschreibt nicht genau, wo ich jetzt bin, sondern wohin ich mich bewegen und wie ich sein will – nämlich jemand, dessen Selbstwertgefühl nicht von anderen abhängt. Aber auch jemand, der nicht so unabhängig ist, dass es keinen Platz für andere gibt. Ich habe im Präsens statt im Futur geschrieben, damit ich sehen kann, dass es *jetzt* passiert. Das gibt mir Energie und einen Konzentrationspunkt. Vielleicht ist gerade das der Unterschied zwischen einer persönlichen Vision und einer, an der auch andere beteiligt sind, zum Beispiel eine Familie oder Firma. Sie braucht nur für einen selbst einen Konzentrationspunkt oder eine Richtung zu liefern.«

Jim lachte. »Ellie, Sie machen ja immer gern alles auf Ihre eigene Art! Und wenn ich darüber nachdenke, steht Ihre Vision im Einklang mit Ihren Werten: liebevolle Beziehungen, Wahrheit und kreativer Ausdruck. Genau genommen *ist* Ihre Vision ein einziger kreativer Ausdruck. Und wenn sie für Sie funktioniert, respektiere ich sie natürlich. Ich vermute außerdem, dass Sie sie im Laufe der Jahre immer weiter verfeinern werden.«

»Ja, das ist gut möglich. Und ich glaube, es gibt viele Möglichkeiten, eine persönliche Vision auszudrücken.«

»Das erinnert mich an eine Geschichte über Alfred Nobel, den Stifter des Nobelpreises, die ich mal gelesen habe!«, sagte Jim. »Als sein Bruder gestorben war, sah er in einer schwedischen Zeitung nach, was dort über ihn stand. Man hatte die beiden Brüder aber verwechselt, und so las Alfred Nobel seinen eigenen Nachruf. Er hatte ja das Dynamit erfunden, und daher ging es in dem Nachruf nur um diesen Sprengstoff und seine Zerstörungskraft. Nobel war am Boden zerstört. Später fragte er seine Freunde und seine Familie: ›Was ist eurer Ansicht nach das Gegenteil von Zerstörung?‹ Sie waren sich einig: Frieden. Da beschloss Nobel, sein Leben so zu ändern, dass man seinen Namen mit dem Frieden in Zusammenhang bringen würde.«

»Sie wollen also sagen, dass auch ein Nachruf der Ausdruck einer Vision sein kann?«

Jim nickte nachdenklich.

Bei unserem nächsten Treffen reichte Jim mir eine Seite, die er getippt hatte, und sagte lächelnd: »Lesen Sie das!«

Er hatte seinen eigenen Nachruf geschrieben! Ich las ihn sehr aufmerksam.

*Jim Carpenter war ein liebevoller Lehrer und ein Beispiel für einfache Wahrheiten. Seine Lebensführung half ihm selbst und anderen, die Gegenwart Gottes in ihrem Leben zu wecken. Er war ein Kind Gottes, dem andere wichtig waren, er war Sohn, Bruder, Ehemann, Vater, Großvater, Schwiegervater, Schwager, Pate, Onkel, Cousin, Freund und Kollege, der sich bemühte, äußeren Erfolg und innere Bedeutsamkeit ins Gleichgewicht zu bringen. Er strahlte einen spirituellen Frieden aus, der es ihm erlaubte, liebevoll zu den Menschen zu sein und Projekte, die ihn von seinen Zielen abgelenkt hätten, gar nicht erst anzunehmen. Er war ein Mensch mit großer Energie, der an jedem Ereignis und jeder Situation das Positive sehen konnte. Was auch geschah: Er fand darin eine Lehre oder Botschaft. Jim Carpenter war jemand, der auf Gottes bedingungslose Liebe vertraute und fest glaubte, dass er wirklich ein geliebter Sohn Gottes war. Integrität war ihm wichtig, seine Handlungen standen im Einklang mit seinen Worten – und er war ein Golf-Ass. Er wird uns fehlen, denn überall, wo er hinging, machte er die Welt besser – einfach dadurch, dass er dort gewesen war!*

»Ich würde sagen, an Ihrem Golfspiel müssen Sie noch arbeiten!«, warf ich grinsend ein. »Ansonsten scheint mir, dass Sie Ihrer Vision schon sehr nahe sind!«

»Das mit dem Golfspiel bedeutet, dass ich mich gesund und fit halte und gern Sport treibe.«

»Ihre Bilder haben für Sie eine Bedeutung erschaffen!«, sagte ich. »Wie meine Bilder für mich.«

»Ja, das stimmt! Andere inspiriert meine persönliche Vision vielleicht nicht, für sie mag sie keine Bedeutung haben, aber mich inspiriert sie, für mich hat sie eine Bedeutung. Ich habe auch noch über Ihre persönliche Vision nachgedacht. Es ist klar, dass Ihre Talente und Interessen eher im kreativen Ausdruck liegen als in der Welt der Zahlen. Warum eigentlich arbeiten Sie dann in der Buchhaltung?«

Ich erklärte Jim, dass ich wirklich nicht gern mit Zahlen umging, auch wenn ich darin gut war. Ich hatte Betriebswirtschaft studiert, weil ich gedacht hatte, das würde mir Sicherheit geben. Und die Stelle in der Buchhaltung hatte ich aus dem gleichen Grund angenommen. Es war etwas, mit dem ich mich auskannte, und direkt nach meiner Scheidung sehnte ich mich nach finanzieller Sicherheit. Nach einem anderen Job sah ich mich nicht um, weil ich so gern in der Agentur arbeitete. »Es läuft darauf hinaus, dass ich einfach hier bleiben will!«

»Sprechen Sie darüber doch mal mit Marsha! Ich habe gehört, dass in der Marketing-Abteilung eine Stelle frei ist. Dort würden Sie mit Ihren Fähigkeiten gut hinpassen! Besonders, weil Sie den Zweck unseres Geschäfts so gut verstehen.«

Schon ein paar Wochen später wechselte ich in die Marketing-Abteilung. Natürlich musste ich dort wieder ganz unten anfangen, doch ich lernte Dinge, die mir dabei helfen würden, meine wirklichen Talente weiterzuentwickeln. Wie aufregend!

Ich entdeckte, dass eine klare Vision und Ehrlichkeit bei der Beurteilung der gegenwärtigen Situation tatsächlich eine sehr große Kraft entfesselten. Als ich nämlich eine klare Vision hatte und ehrlich über die Gegenwart nachdachte, schienen sich mir fast wie von Zauberhand Chancen zu bieten. Natürlich war es mir nicht leicht gefallen, die Gegenwart ehrlich zu betrachten. Die Erkenntnis, dass ich keine gute Mutter gewesen war, hatte weh getan; es war leichter, das zu verdrängen oder Doug die Schuld zu geben.

Als ich mir aber darüber klar wurde, was wichtig war, und die Gegenwart ehrlich betrachtete, konnte ich eine Veränderung herbeiführen. Meiner Familie ging es jetzt so gut wie noch nie.

Das galt auch für meine Arbeit. Ich hatte mir nicht eingestehen wollen, dass ich in der Buchhaltung nicht glücklich war, weil ich befürchtete, dass ich mich dann nach einem anderen Arbeitgeber umsehen müsste und meine Beziehung zu Jim beendet sein würde.

Doch als ich mich auf das konzentrierte, was wirklich wichtig in meinem Leben war, hatte sich eine unerwartete Chance in der Marketing-Abteilung ergeben. Zu dieser Veränderung war es gekommen, weil ich bereit war, die Spannung zu ertragen, die dadurch entstand, dass ich mich sowohl auf meine Vision als auch auf die gegenwärtige Situation konzentrierte.

Manchmal war diese Spannung kaum auszuhalten. Ich hatte das Gefühl, von einem hohen Felsen zu springen – ohne jede Garantie, dass ich irgendwo landen würde, ganz zu schweigen von einer *sicheren* Landung!

Etwas, was ich von Doug gelernt hatte, half mir, daran zu denken, dass man sich Spannungen und Ängsten nicht widersetzen darf. Als wir gerade geheiratet hatten, war ich öfter mit Doug zum Angeln gegangen. Dabei war mir aufgefallen, dass Fische, die am Haken hängen, gewöhnlich gegen die Spannung der Schnur ankämpfen. Der Angler spielt dieses Spiel mit dem Fisch, er gibt Schnur nach und zieht sie dann wieder ein, bis der Fisch erschöpft ist und sich leicht heranziehen lässt. Doch manche Fische sind schlau und lassen sich nicht auf dieses Spiel ein. Sie schwimmen auf die Angel zu, sodass die Schnur schlaff bleibt, bis sie eine Möglichkeit finden, sich vom Haken zu befreien. Jetzt lernte ich, mich wie ein schlauer Fisch zu verhalten – auf die Angel zu zu schwimmen statt von ihr weg. Weil ich mich dagegen gewehrt hatte, die Wahrheit über meine gegenwärtige Situation zu akzeptieren, war ich erschöpft. So fiel es mir sehr schwer, die von mir ersehnte Zukunft zu gestalten. Ich fand heraus, dass letztendlich dann eine Veränderung eintritt, wenn man die Gegenwart ehrlich betrachtet, die damit verbundene Spannung oder die unangenehmen Gefühle aushält und sich außerdem auf seine Vision konzentriert.

Langsam fing meine gegenwärtige Realität an, sich auf meine Vision zuzubewegen.

# Ein neuer Vertrag: von der Vision zur Realität

Jim und ich hatten das, was wir uns vorgenommen hatten, geschafft: die »Sache mit der Vision« zu klären. Darüber freuten wir uns beide sehr.

Eines Dienstagmorgens blickten wir uns schweigend über unsere Kaffeetassen hinweg an. »War's das jetzt?«, fragte ich schließlich. »Wir haben die drei Elemente einer klaren Vision herausgefunden. Sie haben Ihre Vision für die Agentur entwickelt. Und wir sind uns beide über unsere Vision für unser eigenes Leben klar geworden.«

»Sich über die Vision klar zu werden, ist eine Sache – dafür zu sorgen, dass sie Realität wird, eine andere!«, antwortete Jim nachdenklich. »Ich habe immer noch nicht das Gefühl, dass die Agentur sich wirklich mit voller Kraft voraus bewegt. Bisher sitzt noch niemand bei mir im Boot. Ich muss jetzt herausbekommen, wie ich die anderen dazu bringen kann, die Vision auch zu sehen, damit sie sich mir anschließen wollen, und wie ich der Vision Leben einhauchen kann. Es gibt also noch einiges für Sie zu tun, Ellie! Sind Sie dazu bereit?«

Ich lächelte. »Ich kann mir für den Dienstagmorgen nichts Schöneres vorstellen!«

Wir schlossen also gewissermaßen einen neuen Vertrag für die weitere Arbeit – die Umsetzung der Vision in die Realität.

Wir wussten, dass es nicht reichte, eine ansprechende Vision zu entwerfen. Unser Motto lautete:

> ZU EINER VISION GEHÖRT VIEL MEHR ALS NUR EIN SCHILD AN DER WAND. EINE WIRKLICHE VISION MUSS GELEBT, NICHT GERAHMT WERDEN.

Jetzt mussten wir herausfinden, was wichtig ist, wenn man eine gemeinsame Vision entwickeln will.

Als ich über die Vision nachdachte, die ich zusammen mit meinen Kindern für unsere Familie entworfen hatte, fiel mir auf, dass die Gespräche, die wir dabei führten, ebenso viel Kraft hatten wie die Vision selbst. Wenn ich meinen Kindern diese Vision einfach präsentiert hätte, ohne sie an ihrer Entwicklung teilhaben zu lassen, hätte sie wohl längst nicht so viel für sie bedeutet. So kam ich darauf, dass Jim bei der Entwicklung seiner Vision für die Agentur andere einbeziehen musste.

»Ich glaube nicht, dass Sie einfach Ihre neue Vision verkünden und dann erwarten können, dass alle sie sofort verstehen und zustimmen!«, sagte ich. »Sie müssen sich überlegen, wer an der Entwicklung der Vision beteiligt sein sollte, und für die Gedanken, Träume, Hoffnungen und Bedürfnisse dieser Menschen ein offenes Ohr haben! Sie müssen bereit sein, ihnen zu erlauben, an dem Entwicklungsprozess mitzuwirken.«

»Da haben Sie Recht!«, sagte Jim. »Es ist also wichtig, *wie* die Vision *entwickelt* wird. Und ich glaube, *wie* sie *vermittelt* wird, spielt ebenfalls eine große Rolle. Auch diejenigen, die nicht an ihrer Entwicklung beteiligt sind, müssen sie verstehen, damit sie sich entsprechend verhalten und sie unterstützen können.«

Er nahm ein Blatt Papier und schrieb:

DAMIT EINE VISION REALITÄT WIRD,
IST ES WICHTIG

---

- WIE SIE ENTWICKELT WIRD
- WIE SIE VERMITTELT WIRD UND
- WIE MAN NACH IHR LEBT

---

Das Blatt heftete er dann an die Wand über die drei Blätter, auf denen die Elemente einer klaren Vision beschrieben waren, und zu den anderen »Wegweisern«.

Jim lächelte mich an. »In den sechs Monaten, seit wir mit unseren Gesprächen angefangen haben, haben wir die Elemente einer klaren Vision ermittelt. Wir haben großartige Arbeit geleistet! Aber das reicht noch nicht. Damit unsere Visionen Wirklichkeit werden, müssen wir nämlich auch noch die ›drei Wie‹ beschreiben.«

Ich lächelte ebenfalls. »Damit wir uns mit voller Kraft voraus bewegen können, alle in demselben Boot!«

# Wie man die Vision entwickelt

Als wir wieder einmal am Dienstagmorgen gemütlich bei unserem Kaffee saßen, verkündete Jim: »Ich bin jetzt bereit, die Menschen in der Agentur an der Visionsentwicklung teilhaben zu lassen. Die Frage ist nur: Wie viel Mitsprache soll ich ihnen zugestehen? Meine Vision liegt mir wirklich sehr am Herzen, und ich bin nicht davon begeistert, dass sie sie vielleicht erheblich ändern wollen.«

Ich dachte an die Vision von Martin Luther King. Sie war nicht nur seine Vision! Als er sie öffentlich aussprach, hatte er mit Tausenden von Leuten geredet und sich ihre Ansichten angehört. Seine Vision drückte die Hoffnungen und Träume von Millionen von Menschen aus.

Deshalb sagte ich: »Ihre Aufgabe als Leiter dieser Firma ist es, dabei zu helfen, die Vision in Worte zu fassen, und sich für sie einzusetzen – aber es ist nicht ›Ihre‹ Vision! Sie muss allen und jedem Einzelnen in der Firma gehören. Sonst wäre es ja nur *Ihre* Vision, keine *gemeinsame*.«

»Ich muss meine Vision also anderen vermitteln und dann auf ihre Gedanken und Reaktionen achten; und ihre Hoffnungen und Träume muss ich auch in sie aufnehmen ...«

Ich nickte, und Jim zuckte die Achseln. »Ich glaube, Sie haben

Recht. Wenn sie nämlich irgendetwas an meiner Vision nicht akzeptieren, spielt es gar keine Rolle, wie wichtig sie mir ist – sie wird ohnehin nicht eintreten.«

»Das klingt so, als wären Sie immer noch nicht ganz überzeugt! Ich habe aber eine Idee: Sie sind doch davon beeindruckt, was Marsha in der Buchhaltung geschafft hat. Warum sprechen Sie nicht mit ihr darüber, wie sie das gemacht hat?«

Von Marsha erfuhr Jim dann, dass die Vision ihrer Abteilung sehr klar war, obwohl die Agentur selbst ja noch keine klare Vision hatte. Jeder konnte sehen, dass die Mitarbeiter in der Buchhaltung mit viel Energie und Begeisterung damit beschäftigt waren, das zu erreichen, was sie anstrebten. Die Vision hatte für die Abteilung eine vereinigende Kraft, und außerdem half sie den Menschen, sich auf das zu konzentrieren, was wichtig war. Und sie hatten die Vision gemeinsam entwickelt. Marsha hatte das nicht allein gemacht, sondern eine Gelegenheit und eine Umgebung geschaffen, in der die Menschen ehrlich über ihre Hoffnungen und Träume sprechen konnten. Dadurch hatten sie ihre Gemeinsamkeiten erkennen und die Vision zusammen entwickeln können.

Durch seine Gespräche mit Marsha entdeckte Jim das Prinzip, *wie man eine Vision entwickelt:*

> DER PROZESS, DURCH DEN DIE VISION ENTWICKELT
> WIRD, IST GENAUSO WICHTIG WIE IHR INHALT.

Jim wusste, dass er nicht wie sein Vater der Kitt sein konnte, der die Firma zusammenhielt. Deshalb sollte die Vision dieser Kitt sein.

Er ging dann so vor: Statt sich mit den Spitzenmanagern in ein Tagungshotel zurückzuziehen, um die Vision zu formulieren und sie dann zu verkünden, forderte er zum Gespräch über sie auf. Alle in der Firma sollten in irgendeiner Form daran teilnehmen und ihre Meinung dazu sagen, wie die Vision aussehen sollte.

Am Anfang hielten manche nicht viel davon; ich hörte Bemerkungen wie »Das haben wir doch schon mal gemacht, und es war reine Zeitverschwendung!« oder »Das müssen wir einfach aussitzen, es wird schon bald alles wieder normal laufen!«. Vielleicht hatten diese Menschen Angst, sie würden etwas ändern müssen oder etwas verlieren. Jedenfalls war ihnen nicht klar, dass Jim fest entschlossen war, diesen Prozess durchzuführen. Irgendwann verstanden sie das dann aber doch.

Jim forderte alle auf, ihre Befürchtungen auszusprechen; jeder sollte gehört werden. Und er war sehr geduldig; ihm war klar, dass manche Mitarbeiter sich zurückhielten, weil sie sich unwohl dabei fühlten. Sie wussten nicht genau, was sie erwartete, und hatten solche Diskussionen noch nie geführt. Er ließ sie ihren eigenen Weg finden, sich zu beteiligen.

Die meisten von uns fingen aber gleich eifrig mit den Gesprächen an. Die Mitarbeiter in der Buchhaltung waren mit besonders großer Begeisterung dabei, denn sie sahen darin eine Möglichkeit, die Vision ihrer Abteilung mit der der Agentur zu verbinden. Und als die Mitarbeiter merkten, dass diese Diskussionen bei Jim und den anderen Führungskräften auf fruchtbaren Boden fielen, beteiligten sich immer mehr ernsthaft daran.

Dadurch entstand eine ungeheure Dynamik. Je mehr wir andere an unseren Hoffnungen und Träumen teilhaben ließen, desto aufgeregter wurden wir.

Natürlich zeigte sich bald, dass wir von dem, was wir anstrebten, noch weit entfernt waren. Deshalb wollten einige sofort mit den Veränderungen anfangen.

Bei unseren Gesprächen am Dienstagmorgen erzählte Jim mir aber, dass er beschlossen hatte, nicht so schnell vorzugehen. Seiner Ansicht nach waren die meisten Vorschläge für Veränderungen, zum Beispiel für eine Neuorganisation, nicht gut durchdacht, sondern bloß Versuche, die entstehende Spannung abzubauen. Jim wollte die Mitarbeiter auffordern, mit dieser Spannung zu leben; sie sollten weiter ehrlich ihre gegenwärtige Situation betrachten und über ihre Hoffnungen und Träume für die Zukunft sprechen.

In diesen Monaten fiel es Jim und anderen sehr schwer, nicht sofort etwas zu unternehmen. Ein paar offensichtliche Dinge, die schnell und leicht geändert werden konnten, änderten sie schon. Die Punkte mit den schwerwiegenderen Folgen jedoch wurden in dieser Zeit nur untersucht und besprochen, sodass man sie besser nachvollziehen konnte.

Manche Veränderungen erfolgten praktisch von selbst. Einige Mitarbeiter kamen zu dem Schluss, dass die Vision nicht zu ihren persönlichen Zielen passte oder sich ihrer Ansicht nach in die falsche Richtung bewegte; sie gingen. Andere, die zunächst nur widerstrebend mitgemacht hatten, wurden im Laufe der Zeit begeisterte Verfechter der Vision, weil sie erkannt hatten, dass das Schiff sich tatsächlich mit voller Kraft voraus bewegte.

Durch unsere ehrlichen Gespräche über die Zukunft der Agentur entwickelten wir eine gemeinsame Vision. Jim beteiligte sich an den Diskussionen und sprach über seine eigenen Ansichten – im persönlichen Gespräch und auch über die Voicemail, die in diesen Monaten vor Aktivität förmlich summte. Die meisten von Jims Morgenbotschaften befassten sich mit diesem Thema, und er übermittelte dabei nicht nur seine eigenen Gedanken, sondern auch die von anderen.

Da alle irgendwie an den Gesprächen beteiligt waren, in denen die Vision entstand, war ihre Vermittlung, als sie dann fertig war, einfach. Jeder Einzelne verstand sie ja bereits und identifizierte sich mit ihr.

Inzwischen hatten alle Abteilungen der Agentur angefangen, an ihrer eigenen Vision zu arbeiten. Es gelang ihnen, Visionen zu entwickeln, die mit der für die Agentur in Einklang standen. Die Dinge begannen sich wirklich tief greifend zu ändern, und Jim konnte endlich die Energie und das ›Funkeln in den Augen‹ der Menschen sehen, das er so vermisst hatte!

# Wie man die Vision vermittelt

Eines Morgens sprachen Jim und ich darüber, wie wichtig es ist, die vielen Informationen, die eine Vision enthält, zu einem griffigen Leitspruch zu verdichten.

Jim fragte: »Wie kann sich jemand an alles erinnern, was in der Visionsaussage steht, wenn er sie nicht ständig mit sich herumträgt?«

»Ich glaube, manche in Marshas Abteilung tun das tatsächlich!«, antwortete ich. »Sie holten sie jedenfalls manchmal hervor, wenn wir schwere Entscheidungen treffen mussten, um zu sehen, ob sie uns weiterhelfen könnte.«

»Ich finde, es ist sehr wichtig, einen kurzen Leitspruch zu entwickeln, der sozusagen wie eine Abkürzung wirkt und den Menschen in der Firma hilft, sich daran zu erinnern, worum es bei der Vision geht. Wie bei der Rede von Martin Luther King – man braucht nur zu sagen: ›Ich habe einen Traum‹, und schon werden die Bilder der ganzen Vision heraufbeschworen.«

»Ja, ich weiß, was Sie meinen, Jim. Erinnern Sie sich noch an die alten Werbespots von Ford, als sie anfingen, ernsthaft mit den Japanern zu konkurrieren?«

»Ja, natürlich! Quality is job one!«

»Ich bin ja in Michigan aufgewachsen, wo die Automobilbranche allgegenwärtig ist. Ihr Leitspruch ›Quality is job one‹ hat mich sehr beeindruckt. Für die meisten Leute hört sich das so an, als würden sie sagen: ›Qualität ist das Wichtigste‹, und das tun sie ja auch. Doch diese Botschaft vermittelt noch eine tiefere Bedeutung. Viele wissen das gar nicht, aber *job one* ist die Bezeichnung für die Prototypen der einzelnen Modelle – für das jeweils erste Auto, das vom Fließband rollt. Dieses Auto muss perfekt sein, denn es ist der Maßstab, nach dem alle anderen gebaut werden. Als die Mitarbeiter bei Ford ›Quality is job one‹ zum ersten Mal hörten, hörten sie in Wirklichkeit, dass jedes von ihnen hergestellte Auto perfekt sein musste, gemessen am Standard von *job one* – dem ersten Auto, das vom Fließband lief. Sie hatten ein klares Bild davon, wie Qualität aussieht. Der Leitspruch sagte ihnen außerdem, dass sie bezüglich der Qualität ernsthaft in Konkurrenz zu den Japanern treten würden. Dieser Leitspruch hatte also mehrere Bedeutungen, und die gemeinsame Vision knüpfte ein festes Band zwischen den Mitarbeitern. In jenem Jahr überholte der Ford Taurus den Honda Accord als meistverkauftes Auto seiner Klasse.«

»Ich weiß noch, was dann passierte!«, sagte Jim. »Bis dahin hatten die japanischen Autos den Markt beherrscht. Es war ein großer Wendepunkt. Die Vision erlaubte es Ford, sich mit voller Kraft voraus zu bewegen.«

»Aber was ist dann passiert? Seit einer Weile scheint es irgendwie nicht mehr zu passen.«

»Ich bin mir nicht sicher, ob sie sich immer noch von jener Vision leiten lassen!«, erwiderte Jim. »Und das kann ein Problem sein. Wenn man die Vision aus dem Blick verliert, verliert der Leitspruch seine Bedeutung und wirkt sich sogar negativ auf die Menschen aus.«

»Man muss also darauf achten, dass der Leitspruch die gemeinsame Vision tatsächlich beschreibt!«, sagte ich nachdenklich. »Er muss die Menschen in der Firma ansprechen und sie an die Vision erinnern; eine bloße Marketing-Botschaft reicht nicht.«

»Genau! Ich glaube, eine Firma kann Probleme bekommen, wenn die Führungskräfte von einer Vision begeistert sind, die aber nicht von allen Mitarbeitern einer Firma geteilt wird, und diese Mitarbeiter aber trotzdem einen Leitspruch entwickeln. Dann kann dieser Leitspruch nämlich dazu führen, dass die Mitarbeiter zu Recht meinen, dass die Führungsetage die Verbindung zum Rest der Firma verloren hat, und das kann sie demotivieren.«

Wir kamen zu dem Schluss, dass ein Leitspruch eine großartige Möglichkeit bietet, um die Botschaften einer gemeinsamen Vision prägnant wiederzugeben. Uns fielen viele Beispiele für Leitsprüche ein, die ein wirklicher Ausdruck der Vision der betreffenden Firma waren – Ritz-Carltons »We are ladies and gentlemen serving ladies and gentlemen«, Disneys »to keep the same smiles on people's faces when they leave the park that they had when they entered six, eight, or twelve hours earlier« und Steve Jobs' Vision, den Computer durch die Erschaffung einer Welt mit »einem Computer auf jedem Schreibtisch« für alle zugänglich und bezahlbar zu machen.

Am nächsten Dienstagmorgen war Jim ganz aufgeregt. Er verkündete mit einem breiten Lächeln: »Ich habe noch über das Problem mit Fords ›Quality is job one‹ nachgedacht! Visionen sind nichts Statisches. Es ist nicht so, dass man eine Vision erschafft und sie dann für immer und unverändert besteht. Visionen entwickeln sich immer weiter. Wenn man anderen zuhört, kristallisiert sich die eigene Vision noch besser heraus. Deshalb ist es so wichtig, immer weiter miteinander zu sprechen.«

Ich dachte über seine Worte nach – er hatte Recht! Auch unsere Familienvision entwickelte sich immer weiter, je älter die Kinder wurden.

Wir hatten das Prinzip entdeckt, *wie man die Vision vermittelt:*

VISIONEN ENTWICKELN SICH IMMER WEITER. DESHALB MUSS MAN AUCH IMMER WEITER ÜBER SIE SPRECHEN.

Es ist wichtig, weiter über die Vision zu sprechen und so oft wie möglich auf sie zu verweisen; je stärker man sich nämlich auf sie konzentriert, desto klarer wird sie und desto besser versteht man sie. Im Laufe der Zeit können sich sogar einzelne Aspekte von dem, was man für die Vision gehalten hat, ändern, doch ihr wesentlicher Inhalt wird bestehen bleiben.

Jim hatte erkannt, dass die Vermittlung der Vision eine seiner wichtigsten Aufgaben war. Er benutzte nicht nur die Voicemail, sondern brachte auch die anderen Führungskräfte dazu, seinem Verhalten zu folgen. Uns fiel auf, dass die Topmanager in allen Abteilungen informelle Gespräche über die Vision und die Strategien führten. Und jede Woche wurden schriftliche Informationen in Umlauf gebracht.

Uns wurde klar, dass einer der wichtigsten Aspekte der Kommunikation darin bestand, den Menschen zu helfen, die Ereignisse im Lichte der Vision zu interpretieren. Einmal verschlechterte sich das Geschäft, und alle waren beunruhigt. Bedeutete das, dass wir untergingen? In dieser Zeit gab Jim uns regelmäßig Informationen, die zeigten, dass wir zwar in manchen Bereichen Rückschläge hinnehmen mussten, unsere Vision aber noch immer das war, was unsere Agentur vorantrieb. Die Topmanager beschlossen, sich auf den Aufbau intensiverer Beziehungen zu den Firmenkunden zu konzentrieren, ohne darüber die persönliche Beziehung zu den Einzelkunden zu vernachlässigen. Jim erklärte uns, dass diese Strategie es uns ermöglichte, uns mit voller Kraft voraus zu bewegen. Das leuchtete allen ein. Durch die Kommunikation über die aktuellen Ereignisse unter Einbeziehung unserer Vision begriffen wir, dass wir uns auch in widrigen Zeiten vorwärts bewegten, und konnten unserer Vision treu bleiben.

# Wie man nach der Vision lebt

Jim und ich mussten feststellen, dass »wie man nach der Vision
lebt« gleichzeitig der einfachste und der schwierigste Teil der
Umsetzung einer Vision in die Realität ist. Nachdem wir unsere
Vision ermittelt hatten, mussten wir sofort anfangen, nach ihr
zu leben. Wir mussten uns von nun an immer gemäß der Inten-
tion unserer Vision verhalten.

Sobald ich erkannt hatte, dass ich die Bedürfnisse meiner
Kinder ignorierte, musste ich damit aufhören. Sobald ich zuge-
stimmt hatte, morgens bei meinen Kindern zu sein, musste ich
damit beginnen. Ich konnte nicht sagen: »Nächste Woche werde
ich damit anfangen, eine bessere Mutter zu sein!«

Das war nicht leicht, denn manchmal bedeutete es, Entscheidungen zu treffen, die mir schwer fielen. Doch ich lernte, dass
es für mich, für meine Kinder, meine Freunde und Kollegen am
besten war, wenn ich nach meinen Werten lebte und auf ihrer
Grundlage Entscheidungen traf.

Für die Agentur galt das Gleiche. Als wir noch mitten in den
Gesprächen über unsere Vision steckten, musste schon jeder von
uns anfangen, gemäß dieser Vision, die allmählich immer klarer wurde, zu handeln. Wir mussten achtungsvoll miteinander
umgehen, selbst Verantwortung übernehmen und andere in

die Pflicht nehmen. Marsha wurde klar, dass sie einen Fehler gemacht hatte, als sie den Mitarbeiter in unserer Abteilung, der nicht mitspielte, nicht zur Rede gestellt hatte. Nun musste sie handeln, sie konnte das Problem nicht mehr ignorieren, sondern musste diesem Mitarbeiter strikte Arbeitsanweisungen erteilen. Das fiel ihr schwer, denn es war nicht ihr Stil. Doch sie legte klare Anforderungen und Konsequenzen fest und unterstützte ihn, um sicherzustellen, dass er seine Pflichten erfüllte.

Es ist sehr wichtig, dass alle sich gegenseitig in die Verantwortung nehmen, gemäß der gemeinsamen Vision zu handeln. Ignoriert man abweichendes Verhalten, setzt man das Vertrauen und das Engagement derjenigen, die sich an die Vision halten, aufs Spiel.

Wir entdeckten, wie wichtig *Unterstützungsstrukturen* sind: die Gewohnheiten, Praktiken und Prozesse, die unsere Vision unterstützen. Wir mussten Strukturen aufbauen, die die ständige Umsetzung unserer Werte bei der Verfolgung unserer Vision unterstützten. Sonst würde es nämlich einfach bei guten Absichten bleiben.

Seit die Buchhaltungsabteilung von der mit einer gemeinsamen Vision verbundenen Energie erfüllt war, hatte Marsha begonnen, dort solche Strukturen zu organisieren. Zu ihnen gehörten Ziele, klare Kompetenzzuweisungen und Teammeetings. Wir alle hatten klare Ziele aufgeschrieben und sie den anderen mitgeteilt. Jeder von uns kannte die Verantwortlichkeiten der anderen und hatte begriffen, dass wir zusammenarbeiten, uns gegenseitig unterstützen und unsere Arbeit koordinieren mussten. Marsha setzte sich regelmäßig mit jedem von uns zusammen, um unsere Ziele zu überprüfen und darüber zu sprechen, wie die Dinge sich entwickelten. Wenn Probleme auftraten, gab sie uns die Unterstützung und Anleitung, die wir brauchten.

Wenn wir unsere Pflichten nicht erfüllten, zog sie uns dafür zur Verantwortung. Sie führte regelmäßige Teammeetings ein, um herauszufinden, wie weit wir bei unserer Zielerreichung gekommen waren, anstehende Projekte zu besprechen und darüber zu entscheiden, wie wir unsere Bemühungen am besten koordinieren, Probleme lösen und uns gegenseitig in die Pflicht nehmen konnten.

Ich hatte angenommen, dass der Mitarbeiter in unserer Abteilung, der nicht mitgemacht hatte, entweder selbst kündigen oder entlassen werden würde. Zu meiner Überraschung besann er sich jedoch und wurde doch noch zu einem produktiven Teammitglied.

Ungefähr neun Monate nachdem ich bei der Agentur angefangen hatte, klagte Jim eines Dienstagmorgens darüber, dass er jetzt oft erschöpft sei und auch zugenommen habe. Er schob das darauf, dass er älter wurde. Ich hörte ihm eine Weile teilnahmsvoll zu und sagte dann: »Jim, ich weiß, dass die Gesundheit zu Ihren Werten gehört. Das haben Sie ja in Ihren Voicemail-Botschaften öfter betont. Wie sieht denn Ihr Fitnessprogramm aus?«

»Fitnessprogramm?«

»Ja! Welche Struktur haben Sie zur Unterstützung Ihres Werts ›Gesundheit‹ errichtet? Ich weiß, dass Sie sich gesund ernähren und Golf spielen, wann immer es geht – diese Strukturen sind also vorhanden. Was tun Sie aber regelmäßig, um sich fit zu halten?«

Er erklärte mir ziemlich betreten, dass er in dieser Hinsicht zwar mehrere Versuche unternommen, aber jedes Mal schnell wieder das Interesse daran verloren hatte, weil es ihm keinen Spaß machte oder weil er keine Zeit hatte oder es gerade nicht passte … Für mich hörte sich das alles nach Ausreden an, und er gab das auch zu.

»Ist Gesundheit denn wirklich ein Wert für Sie?«, fragte ich ihn. »Oder nur etwas, was Sie interessiert?«

»Nein, nein – es ist ein Wert, und ich habe ein schlechtes Gewissen, weil ich mich nicht ihm gemäß verhalte!«

Plötzlich kam mir eine tolle Idee. »Ich mache in dieser Hinsicht leider auch nicht genug! Vielleicht können wir ja eine Struktur errichten, die uns beiden hilft. Statt uns am Dienstagmorgen immer bei einer Tasse Kaffee zu unterhalten, könnten wir doch auch spazieren gehen!«

Und so stellten wir eine Struktur her, die unseren Wert »Gesundheit« unterstützte, und sorgten gemeinsam dafür, dass wir uns daran hielten. Von nun an fanden unsere Dienstagsgespräche bei einem flotten 45-minütigen Spaziergang statt.

Das machte mir so viel Spaß, dass ich anfing, mehrmals in der Woche in der Mittagspause mit Marsha spazieren zu gehen. Wir beide waren gute Freundinnen geworden, vor allem, seit sie nicht mehr meine Chefin war. Die Struktur der gemeinsamen Spaziergänge ermöglichte es uns nicht nur, fitter zu werden, sondern auch, unsere Freundschaft aufrechtzuerhalten und zu vertiefen.

Ich belegte einen literarischen Schreibkurs an der Volkshochschule, damit ich meine Fertigkeiten verbessern konnte. Jim ermunterte mich, eine Struktur zu schaffen, die meine literarischen Ambitionen unterstützte. Also kaufte ich mir ein Heft und schrieb jeden Abend vor dem Zu-Bett-Gehen 20 Minuten lang.

Auch in der Agentur war die Errichtung von Strukturen zur Unterstützung unserer Vision wichtig. Manche der Verfahren und Methoden waren überholt und machten die Arbeit, die sie eigentlich erleichtern sollten, in Wirklichkeit schwieriger. Uns wurde klar, dass es zwar hervorragend klappte, anderen Mitarbeitern die nötigen Informationen zur Verfügung zu stellen. Die Menschen hatten tatsächlich Zugang zu den Informationen, die sie brauchten. Doch sie wurden für ihre Einzelbeiträge belohnt – Teamarbeit wurde nicht gefördert. Also entwickelten wir einen neuen Prämienplan, nach dem auch Teambeiträge belohnt wurden. Außerdem boten wir Trainings an, in denen die Mitarbeiter Teamfertigkeiten erwerben konnten, statt den Mitarbeitern einfach nur vorzuwerfen, sie wären an Teamarbeit nicht interessiert.

Eines Morgens sprachen Jim und ich darüber, wie wichtig es ist, in jedem einzelnen Augenblick nach seiner Vision zu leben. Als wir im hohen Tempo einen kleinen Berg erstiegen, sagte Jim: »Wissen Sie, Ellie, unsere Spaziergänge sind ein gutes Bild dafür, ›wie man nach der Vision lebt‹!«

Ich sah ihn von der Seite an. Worauf wollte er hinaus? Doch ich war zu sehr außer Atem, um etwas zu sagen.

»Ich meine das so: Wir wissen, wohin wir gehen. Und wir haben den Streckenverlauf geplant. Aber wirklich wichtig ist nur der Schritt, den Sie jetzt gerade machen. Deshalb kommt es sehr darauf an, *wie* Sie ihn machen. Sind Sie wirklich hier? Riechen Sie die frische Luft? Hören Sie die Vögel zwitschern? Spüren Sie das Pflaster unter Ihren Füßen? Leben Sie genau in diesem Augenblick nach Ihrer Vision?«

Damit hatte er mich auf dem falschen Fuß erwischt – ich hatte nämlich über ganz andere Dinge nachgedacht: was ich kochen könnte, ob ich mich an einer Fahrgemeinschaft beteiligen sollte, wie ich ein Problem bei der Arbeit lösen konnte, der Aufsatz, den ich für meinen Kurs vorbereiten musste ... Den gegenwärtigen Augenblick hatte ich überhaupt nicht gespürt und beachtet! Ich hatte tatsächlich den größten Teil des Spaziergangs damit verbracht, über die Zukunft nachzudenken, und die Gegenwart hatte ich sträflich vernachlässigt ...

Deshalb antwortete ich: »Sie haben Recht, Jim! Bei einer Vision geht es gar nicht wirklich um die Zukunft, sondern um das, was man jetzt gerade macht.«

Von nun an genossen wir beide die Schönheit des frühen Morgens.

Jims Botschaft für diesen Tag brachte eine Saite in mir zum Klingen:

▓ *Guten Morgen euch allen! Hier ist Jim. Ich habe über unsere Vision und darüber, wie wichtig sie für uns alle ist, nachgedacht. Ich möchte uns alle daran erinnern, dass die Reise genauso wichtig ist wie das Ziel. Das Einzige, was an eurer Reise letztendlich bedeutsam ist, ist der Schritt, den ihr jetzt gerade macht. Das ist immer so! Deshalb ist es wichtig, dass ihr eure Aufmerksamkeit auf die Gegenwart richtet und darauf achtet, dass ihr in Einklang mit eurer Vision handelt, jetzt, in jedem Augenblick. Die Schönheit des Lebens finden wir in der Fülle des Augenblicks.*

An einem trüben Morgen, als wir flott durch Nieselregen schritten, sagte Jim: »Ich habe darüber nachgedacht, was Führung bedeutet!« Dieser Morgen war ein echter Prüfstein für unseren Vorsatz, uns fit zu halten – das Wetter war nicht so schlecht, dass wir hätten sagen können, wir könnten nicht gehen, aber es war ganz sicher auch kein schöner Tag für einen Spaziergang.

»Ich würde gern Ihre Ansicht dazu hören! Ich habe ja schon öfter gesagt, dass Führung meiner Ansicht nach etwas damit zu tun hat, irgendwohin zu gehen. Als ich die Leitung der Agentur übernahm, wollte ich ein guter Manager werden; ich glaube, das habe ich auch geschafft. Dann wollte ich eine gemeinsame Vision entwickeln. Jetzt haben wir eine gemeinsame Vision –

aber ich bin mir nicht mehr so sicher, worin genau meine Aufgabe als Manager besteht.«

»Weil die Vision ja uns allen gehört, fragen Sie sich, wie Sie als Manager uns noch helfen können?«

»Genau! Mein Vater war der ›Kitt‹ – er hatte eine charismatische Persönlichkeit, die uns alle zusammenhielt. Jetzt haben wir eine Vision, und sie ist der Kitt. Ich muss die Mitarbeiter nicht mehr inspirieren, so wie mein Vater das tat, denn das leistet ja schon die Vision.«

»Na ja, es kann nicht schaden, wenn Sie uns daran erinnern, weshalb die Vision so wichtig ist, und uns helfen, auf dem richtigen Kurs zu bleiben, vor allem, wenn es mal schwierig wird!«

Jim lachte: »Ja, da haben Sie Recht. Das ist tatsächlich eine Aufgabe für mich, ich spiele aber doch eine andere Rolle als bisher. Ich muss mich also als Diener der Vision betrachten, nicht als einen wichtigen Manager, dem die anderen dienen müssen … Als ich vor ein paar Jahren in Japan war, habe ich den Vorstandsvorsitzenden von Matsushita Electric kennen gelernt. Er war damals 88. Jemand aus meiner Gruppe fragte ihn: ›Was ist Ihre Hauptaufgabe als Vorstandsvorsitzender dieses großen, internationalen Unternehmens?‹ Wie aus der Pistole geschossen antwortete er: ›Liebe vorzuleben! Ich bin die Seele dieses Unternehmens – seine Werte leben durch mich.‹ Das hat mir sehr gut gefallen!«

Ich lächelte Jim an. »Ich finde, das passt! Es gehört also zu Ihren Aufgaben, die Menschen daran zu erinnern, was wirklich wichtig ist. Und ihnen zu helfen, auf die Vision konzentriert zu bleiben. Und Hindernisse aus dem Weg zu räumen, wenn das möglich ist. Und sie zum Handeln zu ermuntern …«

Nachdenklich fuhr ich fort: »Jim, wenn man nicht mehr ich-orientiert denkt, sieht man das Führen von Menschen in einem ganz anderen Licht. Von diesem Standpunkt aus betrachtet geht es bei der Führung darum, dem größeren Gut zu dienen. Für eine Führung, deren Triebkraft das Ich ist, gibt es dann keinen Platz.«

»Ich glaube, Sie haben Recht. Es ist meine Aufgabe, den Menschen in der Agentur zu dienen, sodass wir unsere Vision gemeinsam erreichen können – nicht, mein Ego zu pflegen.«

Jims Voicemail-Botschaft für diesen Tag war dann keine Überraschung für mich:

▦ *Guten Morgen euch allen! Hier ist Jim. Ich habe darüber nachgedacht, was meine Rolle als Führungskraft im Zusammenhang mit unserer Vision ist. Es ist wichtig, dass ich mich für unsere Vision einsetze und dazu beitrage, dass wir sie alle immer vor Augen haben. Meine Aufgabe ist es, euch bei der Bearbeitung eurer Aufgaben zu unterstützen. Also muss ich euch dienen, damit ihr unseren Kunden dienen könnt. Es ist nicht eure Aufgabe, den Topmanagern zu dienen. Falls ich das mal durcheinander bringe und die falsche Botschaft übermittle, sagt mir bitte Bescheid!*

Jim und ich sprachen oft über unsere persönlichen Visionen. Jim erzählte mir, dass er seinen »Nachruf« in der obersten Schreibtischschublade aufbewahrte, sodass er ihn immer gleich zur Hand hatte. An einem Dienstagmorgen sagte er: »Ich sehe mir meine Vision immer wieder an, damit ich sicher sein kann, dass ich auch wirklich nach ihr lebe. Sie wissen ja, was das Wesentliche daran ist: *ein liebevoller Lehrer und ein Beispiel für einfache Wahrheiten zu sein, die mir selbst und anderen helfen, die Gegenwart Gottes in unserem Leben zu wecken.* Dass ich das weiß, hilft mir bei meinen Entscheidungen. Ich frage mich dann immer: ›Bringt mich das in die richtige Richtung?‹«

Ich hatte von Anfang an nicht verstanden, was Jim mit »die Gegenwart Gottes in unserem Leben wecken« meinte. Jetzt ergriff ich die Gelegenheit, ihn direkt danach zu fragen.

»Sie erwähnen Gott oft – in Ihrer Vision, in Gesprächen und in Ihren Morgenbotschaften über die Voicemail. Ehrlich gesagt fühle ich mich dabei nicht wohl. Ich selbst gehöre keiner Religion an, im traditionellen Sinn des Wortes bin ich überhaupt nicht religiös. Ich würde gern wissen, was Sie meinen, wenn Sie über Gott sprechen, und warum Sie das tun!«

»Ellie, Sie stellen immer die Fragen, die auch andere bewegen, die sie aber nicht auszusprechen wagen!«, erwiderte Jim. Er dachte kurz nach und fuhr dann fort: »Ich halte es für sehr wichtig, dass wir in Verbindung zu einer höheren Macht stehen – zu etwas, was größer ist als wir selbst, was mehr liebt und fürsorglicher ist. Und eine Möglichkeit dazu ist die Religion.«

»Die Religion kann also ein vermittelndes Medium sein, aber sie ist nicht das einzige? Das wirklich Wichtige ist nicht das Medium, sondern die Erfahrung – zu erkennen, dass wir nicht der Mittelpunkt der Welt sind und alle mit etwas verbunden sind, was größer ist als wir selbst?«

»Ja, Ellie! Wenn wir unser Ego in den Mittelpunkt der Welt stellen, verlieren wir die Möglichkeit, mit etwas in Verbindung zu treten, was größer und universaler ist als wir selbst. Das Wichtige ist die Erfahrung der Verbindung zu etwas, was größer ist als wir selbst – und das kann durch die Natur, die Gemeinschaft oder eben eine bestimmte Religion erfolgen. Wenn wir diese Verbindung herstellen, wechseln wir von einer ichorientierten Perspektive zu einer viel umfassenderen.«

Jetzt verstand ich Jims Einstellung und fühlte mich nicht mehr so unwohl, wenn er von Gott sprach. Und es beruhigte mich, dass er meine eigenen Ansichten auch dann akzeptierte, wenn sie nicht seinen eigenen entsprachen.

»Was macht man, wenn man durch etwas Unerwartetes vom Kurs abgetrieben wird?«, fragte Jim mich eines Dienstagmorgens.

»Was meinen Sie damit?«

»Wenn die Vision klar ist, alle an Bord sind und das Schiff mit voller Kraft voraus fährt – und dann passiert etwas Unerwartetes und drängt einen vom Kurs ab?«

Ich begriff nicht, worauf er hinauswollte. »Weshalb stellen Sie diese Frage? Ich finde, dass alles ziemlich gut läuft!«

»Es kommt aber doch nicht immer alles genau so, wie man es geplant und sich gewünscht hat!«

Für mich ergab Jims Frage immer noch keinen Sinn. Sie schien so gar nicht zu dem zu passen, was passierte. Es lief doch alles gut! Die Vision verlieh allen in der Agentur Energie ... Jim war eine großartige Führungspersönlichkeit – und ein wundervoller Freund. Seine Tochter Kristen hatte gerade in der Agentur angefangen und fand sich schnell in alles hinein. Sie hatte den gleichen gewinnenden Charakter wie ihr Vater und war schon jetzt bei allen beliebt. Ich verstand nicht, weshalb Jim daran dachte, dass die Dinge nicht nach Wunsch laufen könnten. Im Nachhinein vermute ich aber, dass er sich mit seinem eigenen Tod beschäftigte.

Zufällig kamen wir an diesem Tag beim Abendbrot auch auf dieses Thema zu sprechen. Jen erzählte uns von einem Film, den sie in der Schule gesehen hatte. Es ging dabei um einen jungen Mann, der Terry Fox hieß. Was sie sagte, war so interessant, dass ich später versuchte, im Internet mehr über ihn herauszufinden. So erfuhr ich die Geschichte eines jungen Kanadiers, der die Kraft der Vision verstanden hatte – und was passiert, wenn wir vom Kurs abgetrieben werden.

Auf dem Gymnasium wurde Terry zum »Sportler des Jahres« ernannt. Kurz nach dem Abitur fand man bei ihm einen bösartigen Tumor. Vier Tage später wurde ihm ein Bein amputiert.

Am Abend vor der Operation las er in einer Zeitschrift einen Artikel über einen Amputierten, der am New Yorker Marathonlauf teilgenommen hatte. In dieser Nacht träumte er davon, quer durch Kanada zu laufen.

Bei der Nachbehandlung sah Terry dann unendlich viel Leid. In einem Brief, in dem er die Kanadische Krebsgesellschaft um Unterstützung bat, schrieb er später:

> In der 16 Monate dauernden, körperlich und emotional erschöpfenden Leidenszeit der Chemotherapie erschütterten mich die Gefühle, die die Patienten in einer Krebsklinik bewegen. Ich sah Gesichter, die tapfer lächelten, und andere, die nicht mehr lächelten. Hoffnung wechselte mit Verzweiflung und Leugnung der Krankheit … Irgendwo muss der Schmerz aufhören, … und ich war entschlossen, dafür bis an meine Grenzen zu gehen.

Als Terry aus der Krebsklinik entlassen wurde, hatte er eine Vision: quer durch Kanada zu laufen und dabei eine Million Dollar für den Kampf gegen den Krebs zu sammeln. Damit wollte er gleichzeitig beweisen, dass es für das, was Amputierte tun können, keine Grenzen gibt. Und er wollte die Einstellung der Leute gegenüber den Behinderten verändern.

Zunächst behielt Terry diese Vision für sich. Er lief nur, wenn es dunkel war, sodass ihn niemand sehen konnte. Als er dann überzeugt war, dass seine Familie und seine engsten Freunde ihn unterstützen würden, erzählte er ihnen von seiner Vision. Er trainierte 15 strapaziöse Monate lang, bis er täglich über 35 Kilometer laufen konnte. Nur einen einzigen Tag nahm er sich frei – Weihnachten, und auch das nur, weil seine Mutter ihn darum gebeten hatte.

Am 12. April 1980 tauchte er seine Beinprothese in St. John's (Neufundland) in den Atlantik und begann seinen Lauf.

Er wurde ein Nationalheld. In jeder Stadt jubelten ihm die Leute zu, und wenn er mit geballten Fäusten an ihnen vorbeilief, die Augen auf die Straße gerichtet, mit seinem durch die Behinderung bedingten unrhythmischen Laufstil, weinten sie.

Tag für Tag brach er auf, bevor es hell wurde. Er trug eine kurze Hose und ein T-Shirt, auf das eine Karte von Kanada gedruckt war. Er verbarg seine Behinderung nicht, alle konnten seine Beinprothese sehen. Die Kinder stellten ihm oft neugierige Fragen: Wie funktioniert sie? Was passiert, wenn sie bricht? Er ermunterte sie zu solchen Fragen und unterbrach seinen Lauf, um sie zu beantworten.

Die Spenden strömten nur so herein.

Terry lief über 5300 Kilometer – von Neufundland durch sechs Provinzen. Das waren schon zwei Drittel der Strecke. Er war 142 Tage lang ohne Unterbrechung täglich fast die gesamte Marathonstrecke gelaufen. Doch am 1. September 1980 musste er aufhören. Er war krank – der Krebs war wieder ausgebrochen und hatte seine Lungen befallen!

Er flog zur Behandlung nach Hause. Am 28. Juni 1981, einen Monat vor seinem 23. Geburtstag, starb Terry Fox im Kreise seiner Familie.

Ich dachte darüber nach, ob Terry seine Vision erreicht hatte. Er hatte seinen Lauf ja nicht beenden können … Doch dann wurde mir klar, dass seine Vision nicht darin bestanden hatte,

Kanada zu durchqueren. Das war nur sein Weg, um seine Vision zu erreichen. Seine Vision war es, eine Million Dollar für die Krebsforschung zusammenzubringen und das Bewusstsein der Öffentlichkeit für Behinderungen zu schärfen. Tatsächlich gingen 23,4 Millionen Dollar an Spenden ein! Und seine Vision endete nicht mit seinem Tod. Der Terry-Fox-Lauf wird bis heute jedes Jahr veranstaltet, und immer kommen dabei Millionen von Dollar zusammen.

Das musste Jim gemeint haben! Was passiert, wenn uns unvorhergesehene Ereignisse vom Kurs abdrängen? Natürlich hatte Terry nicht geplant, dass der Krebs wieder ausbrechen würde. Das hatte ihn vom Kurs abgebracht, sodass er seine Pläne ändern musste. Doch seine Vision blieb unverändert.

Ich erzählte Jim die Geschichte von Terry Fox und was ich daraus gelernt hatte: dass wir nicht versuchen sollten, auf den alten Kurs zurückzugelangen, wenn unvorhergesehene Ereignisse uns von ihm abbrachten, sondern unseren Kurs dann ändern, uns dabei aber weiter auf unsere Vision konzentrieren sollten.

Meiner Ansicht nach brauchten wir neben den Unterstützungsstrukturen auch *Unterstützungsstrategien*. Die beiden besten hatte ich von Terry Fox gelernt:

### 1. Sich immer auf seine Vision konzentrieren

Wenn uns ein Hindernis von unserem Kurs abbringt, müssen wir einen neuen abstecken. Wir müssen bereit sein, unsere Ziele zu ändern, falls das nötig ist. Es wird sich nicht vermeiden lassen, dass immer wieder Veränderungen und unvorhergesehene Ereignisse auftreten. Wir müssen versuchen, das, was passiert, als eine Herausforderung oder Chance zu betrachten.

## 2. Mut zum Engagement

Wahres Engagement beginnt, wenn wir handeln. Natürlich wird das mit Ängsten verbunden sein, doch wir müssen sie aushalten und uns trotzdem vorwärts bewegen.

> Was immer du auch tun kannst oder erträumst zu können, beginne es. Kühnheit besitzt Genie, Macht und magische Kraft. Beginne es jetzt.
> *Goethe*

> Ich wünsche mir, dass die Menschen erkennen, dass alles möglich ist, wenn sie es versuchen, und auf diese Weise Träume entstehen.
> *Terry Fox, 1980*

# Mut

Ich bin zu dem Schluss gekommen, dass man Mut braucht, um eine Vision zu entwickeln – und auch, um dann nach ihr zu handeln.

Ich hatte wirklich ein Talent dafür, Jim zuzuhören und ihm zu helfen, seine Träume kreativ in Worte zu fassen und ihnen Ausdruck zu verleihen. Außerdem hatte ich Marsha geholfen, und meiner Familie auch. Doch für mich selbst gelang mir das nicht. Wie gab ich meinen eigenen Träumen kreativen Ausdruck?

Tief in meinem Inneren hatte ich Angst davor, mir einzugestehen, dass ich, wenn ich wirklich gemäß meiner Vision handelte, einen anderen Weg würde finden müssen, um meinen Lebensunterhalt zu verdienen, und dass ich dann meine Verbindung zu Jim verlieren würde. Dieser Preis war so hoch, dass ich nicht bereit war, ihn zu zahlen.

Je länger ich jedoch in der Agentur blieb, desto ruheloser wurde ich. Meine Arbeit dort erfüllte mein Bedürfnis nach Sicherheit, aber sie diente nicht meinem tieferen Zweck. Meine Tätigkeit in der Marketing-Abteilung und die Kurse an der Volkshochschule hatten mir geholfen, meine Schreibfertigkeiten weiterzuentwickeln. Ich traute mir allerdings nicht zu, durch das Schreiben meinen Lebensunterhalt zu verdienen.

Letztendlich ließ mich aber die Angst, meine Beziehung zu Jim aufs Spiel zu setzen, in einem Job verharren, der mir keine Erfüllung mehr brachte.

In dieser Zeit passierte etwas ganz Bedeutendes: Ich gewann einen neuen Freund. Kennen gelernt hatte ich Brian in einem meiner Schreibkurse. Als ich ihn zum ersten Mal sah, bemerkte ich ihn kaum, weil ich mich so auf das konzentrierte, was ich lernte. Nach ein paar Wochen fragte er mich dann, ob wir nicht bei einem Kaffee über unsere Hausaufgabe sprechen wollten. Das hielt ich für eine wundervolle Idee, denn dabei brauchte ich wirklich Hilfe. Er wollte tatsächlich über die Aufgabe sprechen, doch er wollte mich auch kennen lernen – das erzählte er mir ganz offen, als wir in dem Café saßen. Ich mochte ihn sofort; seine Direktheit erinnerte mich an Jim. Als ich Brian dann besser kennen lernte, stellte ich fest, dass er in mancher Hinsicht anders war als Jim. Er hatte zum Beispiel mehr Humor, er machte unerwartete Dinge, die mich zum Lachen brachten. Doch er behandelte mich mit der gleichen Achtung wie Jim.

Brian sah gut aus, und er war sehr umgänglich. Wir genossen beide die Gesellschaft des jeweils anderen. Er war ganz offensichtlich daran interessiert, eine Beziehung zu mir aufzubauen. Ich wusste zwar nicht, welche Beziehung ich selbst wollte und zu welcher ich überhaupt fähig war, doch ich kam zu dem Schluss, dass es sich lohnen würde, ihm näher zu kommen. Obwohl er eine ganz andere Persönlichkeit hatte als Jim, hatte die Beziehung, die zwischen uns entstand, etwas Vertrautes.

Meinen Kindern stellte ich Brian erst nach ein paar Monaten vor. Wie ich erwartet hatte, empfingen sie ihn nicht mit offenen Armen. Ich glaube, sie hatten Angst, dass er das Gleichgewicht in unserer Familie stören würde. Das schien Brian aber zu verstehen. Er überließ den Kindern die Initiative und drängte sich ihnen nie auf. Allmählich merkten sie, dass er keine Bedrohung war, und näherten sich ihm.

*Das muss der Punkt sein, an dem man Mut braucht,* dachte ich. Meine persönliche Vision bedeutete ja, dass ich meine Talente für den kreativen Ausdruck und für liebevolle Beziehungen in meinem Leben einsetzte. Sollte ich jetzt entsprechend handeln? Für mich war das wie ein Sprung von einer Felsklippe. Ich wusste ja nicht, wo ich landen würde ... Würde ich genug Geld verdienen können, falls ich in der Agentur aufhörte? Sollte ich es zulassen, dass meine Beziehung zu Brian sich vertiefte? Ich wusste schon, was ich wirklich wollte – doch ich hatte Angst davor, den nächsten Schritt zu machen.

Ich war jetzt über drei Jahre in Jims Versicherungsagentur. In dieser Zeit war ich daran beteiligt gewesen, gemeinsame Visionen für die Agentur und für meine Abteilungen zu entwickeln. Ich hatte zusammen mit meinen Kindern daran gearbeitet, eine gemeinsame Vision für unsere Familie zu entwickeln, und war mir über meine persönliche Vision klar geworden.

Außerdem hatte ich Fertigkeiten entwickelt, die mir dabei helfen würden, nach meiner Vision zu leben, und genug Selbstvertrauen gewonnen, um ihr gemäß handeln zu können. Je klarer mir das alles wurde und je mehr ich meine Vision mit meiner Familie und meinen Freunden teilte, desto mehr stellte ich fest, dass sie bereit und in der Lage waren, mich zu unterstützen.

Eines Abends sagte Jen: »Erinnerst du dich noch daran, was du mir früher vor dem Einschlafen für Geschichten erzählt hast? Die waren wirklich toll! Schreib doch ein paar von ihnen auf!«

Alex sprang ihr sofort bei. »Sie hat Recht, Mama, es liegt dir im Blut, Geschichten zu erzählen!«

Meine Kinder regten mich also dazu an, aktiv zu werden; ich fing an, ernsthaft zu schreiben. Abends setzte ich mich hin und schrieb einige der Geschichten auf, die ich den Kindern erzählt hatte. Ich veränderte sie aber ein bisschen und baute Botschaften zu den Themen ein, mit denen ich mich in der letzten Zeit beschäftigt hatte. Allmählich nahm in meinem Kopf eine Idee Gestalt an: Ich wollte ein Buch für Manager schreiben, das auf dem beruhte, was wir in unserer Kindheit lernen.

Jim redete mir zu, in der Agentur aufzuhören und mich ganz dem Schreiben zu widmen. Er versprach mir, dass ich dorthin zurückkommen könne, wenn es mit dem Schreiben nichts wurde. Und – das war mir am wichtigsten – er sagte, dass wir unsere Spaziergänge am Dienstagmorgen fortsetzen könnten.

Ich dachte über meine Vision nach. Bei ihr ging es um die Wahrheit, nicht um Angst! Es ging darum, anderen zu helfen, sich ihren Träumen gemäß zu verhalten – mich selbst eingeschlossen. Es ging um Zulassen, nicht um Widerstehen. Jim, Brian, Jen, Alex – sie alle unterstützten mich und machten mir Mut, den Sprung zu wagen. Es war Zeit, dass ich meine Vision in die Tat umsetzte!

Also erstellte ich einen Plan. Ich sparte so viel Geld, dass es sechs Monate reichen würde. Ich hatte herausgefunden, dass ich ein bisschen Geld verdienen konnte, indem ich Artikel für Zeitschriften schrieb. Ich beschloss, meine Arbeit in der Agentur für ein halbes Jahr aufzugeben. In dieser Zeit sollte sich zeigen, ob ich mit dem Schreiben tatsächlich genug Geld für unseren Lebensunterhalt verdienen konnte.

An einem wundervollen Tag nahm ich all meinen Mut zusammen und wagte den Sprung.

Mir war klar, dass es am Anfang schwierig sein würde, und so kam es auch. Wir alle mussten unseren Lebensstil der veränderten Situation anpassen. Wir gingen nicht mehr in Restaurants, und ich kaufte mir eine ganze Weile nichts Neues zum Anziehen. Wir mussten lernen, von einem unregelmäßigen Einkommen zu leben. Wenn ich einen Artikel verkaufte, hatten wir Geld. Es gab aber auch Zeiten, in denen kein Geld hereinkam und wir meine Ersparnisse angreifen mussten. Wir alle trugen dazu bei, dass sie möglichst lange reichten. Jen, die inzwischen 16 war, besorgte sich einen Nachmittagsjob. Alex, der gerade mit dem Studium angefangen hatte, lebte von Stipendien, der Unterstützung durch seinen Vater und Darlehen.

In dieser Zeit war Brian mir eine wunderbare Stütze. Er las meine Artikel und die verschiedenen Entwürfe meines Buchs und machte mir immer wieder Mut. Das bedeutete mir unendlich viel. Trotzdem gab es Tage, an denen ich daran zweifelte, dass ich auf diese Weise jemals genug verdienen würde, um davon leben zu können.

Letztendlich wurde mir aber in diesen sechs Monaten klar, dass ich die richtige Entscheidung getroffen hatte. Reich und berühmt würde ich wahrscheinlich nicht werden, doch ich wusste jetzt, dass ich durch das, was ich wirklich gern machte, genug verdienen konnte, wenn ich mich ein bisschen einschränkte.

In dem Jahr, als Jen ihr Abitur machte, hatte ich erneut die Gelegenheit, meinen Mut unter Beweis zu stellen. Ich kannte Brian jetzt seit zwei Jahren. Zwischen uns hatte sich eine gute Beziehung entwickelt. Er war wie ein Fels. Er nahm mich so, wie ich war, und verlangte nie mehr, als ich zu geben bereit war. Mir war jedoch bewusst, dass ich ihm nicht vorbehaltlos vertraute. Ich würde wohl nie wieder so unschuldig vertrauensvoll sein können wie damals bei Doug. Brian schien das zu akzeptieren.

Dann wurde ihm ganz unerwartet ein toller Job angeboten – und zwar in einem weit entfernten Ort. Er bat mich, ihn zu heiraten und mit ihm zu gehen. Es gab keinen logischen Grund, der dagegensprach – ich liebte ihn, meine Kinder lebten nicht mehr zu Hause, und bei meiner Arbeit war ich nicht ortsgebunden. Der einzige Grund, es nicht zu tun, war der größte: Ich hatte Angst. Wenn ich heiratete, würde das eine große Verpflichtung bedeuten. Bei meinem letzten Versuch war es mir nicht besonders gut gelungen. So, wie es mit Brian war, war es großartig. Ich hatte Angst, dass die Ehe alles verderben würde.

Brian sprach mich direkt darauf an: »Ich liebe dich, Ellie, und ich weiß, dass du mich auch liebst. Aber du hast trotzdem Vorbehalte. Es ist Zeit, dass du damit aufhörst! Wir haben es wirklich verdient, zusammenzuleben.«

Ich sagte, ich bräuchte mehr Zeit. Er erwiderte, es sei keine Zeit mehr. Er war schon mit dem Umzug beschäftigt und wollte, dass ich mitkam.

Jim hatte ich schon länger nicht mehr gesehen, doch jetzt rief ich ihn an und bat ihn, an diesem Vormittag einen Spaziergang mit mir zu machen.

Ich erzählte ihm von Brians neuem Job und dass er mich heiraten wolle. Ich sprach über meine Träume und über meine Ängste.

Jim stellte mir nur eine einfache Frage: »Lieben Sie ihn?«

Meine Antwort kam sofort: »Ja!« Doch dann setzte ich leise hinzu: »Ich liebe ihn – und ich habe Angst!«

Jim lächelte mich an. »Ellie, ich erinnere mich noch genau an den Tag vor sieben Jahren, als wir uns kennen lernten. Sie waren so ein helles Licht, und das sind Sie noch immer. Sie haben mein Leben bereichert! Mit Carolyn habe ich aber eine Art von Liebe und Nähe erlebt, die es nur in der Ehe geben kann. Dieses Geschenk bietet Brian Ihnen an, und es passt vollkommen zu Ihrer Vision!«

Bei diesem Spaziergang mit meinem lieben Freund Jim, in dessen Gesellschaft ich mich so wohl fühlte, wurde mir klar, dass ich durch unsere Freundschaft gewachsen war und jetzt zu einer liebevollen, von gegenseitiger Achtung geprägten Beziehung bereit war. Auch ich wollte die besondere Nähe erleben, die es nur in der Ehe geben kann. Ich hatte geglaubt, dass ich nie wieder zu rückhaltlosem Vertrauen fähig sein würde, doch jetzt erkannte ich, dass ich Jim vertraute – und dass ich auch Brian vertrauen konnte.

Ich dachte an meine Vision, zu der ja liebevolle Beziehungen gehörten. Mir wurde klar, dass ich mich selbst eingeschränkt hatte, indem ich mich Brian nicht vorbehaltlos öffnete – dass ich mir nicht die Möglichkeit gegeben hatte, ganz nach meiner Vision zu leben. In jenem Augenblick fielen alle Vorbehalte von mir ab – ich wusste, dass ich den Mut haben würde, Brian zu heiraten.

# Vom Erfolg zur Bedeutsamkeit

In den folgenden fünf Jahren konnte ich die Prinzipien der Vision, die Jim und ich zusammen entdeckt hatten, anwenden. Ich veröffentlichte ein Buch für Manager mit dem Titel *Mother Goose Management* (»Management nach Märchen«), in dem ich Lehren aus Märchen und anderen Geschichten für Kinder benutzte, um die Prinzipien der Vision zu veranschaulichen.

Meine Ehe mit Brian war stark und erfüllend. Er half mir, mit dem verbunden zu bleiben, was für mich zutiefst bedeutungsvoll und wahr war. Natürlich gab es auch Krisen, doch wir waren uns so nahe, dass es uns immer gelang, eine Lösung zu finden.

Als ich eines Tages meine Schubladen aufräumte, stieß ich auf den Ordner mit Jims Voicemail-Botschaften, die ich mir ja immer aufgeschrieben hatte. Beim Durchblättern fiel mir eine Botschaft auf, die mich innehalten ließ.

▦ *Guten Morgen euch allen! Hier ist Jim. Gestern Abend war ich auf einer Feier mit Menschen, die ich lange nicht gesehen hatte. Es hat mir wirklich viel Spaß gemacht!*
*Ich traf einen alten Freund, der mir bei meinen ersten beruflichen Schritten geholfen hatte. Ich erzählte ihm von der Vision unserer Agentur und dankte ihm für die Rolle, die er in meinem Leben*

*gespielt hatte. Darüber freute er sich sehr, das konnte man sehen.*

*Die Frage, die ich euch heute stellen möchte, lautet: Gibt es in eurem Leben jemanden, der für euch da war und bei dem ihr euch lange nicht bedankt habt? Vielleicht habt ihr ihn nicht an euch gedrückt. Sagt ihr oft genug: »Ich liebe dich!« zu euren Eltern oder anderen Familienangehörigen, zu euren Freunden oder zu Menschen, die einmal für euch da waren?*

Mein letzter Kontakt zu Jim lag schon ziemlich lange zurück. Ich beschloss, ihm einen Brief zu schreiben und ihm zu sagen, wie viel er mir bedeutete – wie sehr er mein Leben zum Besseren beeinflusst hatte. Der Brief kam mir aus dem tiefsten Herzen und war sehr persönlich; ich dankte Jim darin für alles, was er mir gegeben hatte, und sagte ihm, dass er mir sehr viel bedeutete. Ich warf ihn aber nicht gleich ein, denn ich wollte sicher sein, dass er wirklich genau das zum Ausdruck brachte, was ich sagen wollte. Nach einer Woche las ich ihn noch einmal durch, dann schickte ich ihn ab.

Drei Tage später klingelte in aller Herrgottsfrühe das Telefon. Ich goss mir noch eine Tasse Kaffee ein und nahm ab.

»Ellie, hier ist Kristen. Ich wollte Ihnen sagen, dass mein Vater im Krankenhaus ist. Er würde ganz bestimmt wollen, dass ich Sie anrufe.«

»Ist es schlimm?«

Kristen zögerte. Dann sagte sie: »Ich fürchte, ja. Es ist sein Herz. Als Kind hatte er Gelenkrheumatismus, und dadurch war sein Herz geschwächt. Man sagte ihm damals, dass er nicht allzu alt werden würde, doch er wollte das nicht glauben. Außer meiner Mutter hat er es nie irgendjemandem erzählt.«

Ich brachte kein Wort heraus. Nach einer kleinen Pause sprach Kristen weiter: »Er hat sich schon seit ungefähr einer Woche nicht gut gefühlt. Zuerst hat er das für sich behalten. Sie wissen ja, wie er ist! Als es dann schlimmer wurde, ging er doch zum Arzt. Der sagte, es sei eine Grippe, und deshalb blieb er dann ein paar Tage im Bett. Er fühlte sich aber immer schlechter, und letzte Nacht mussten wir ihn ganz schnell ins Krankenhaus bringen.«

»Kann ich helfen?« Ich hatte plötzlich einen Kloß im Hals, und es gelang mir kaum, die Worte herauszubringen. Ich konnte nicht glauben, was ich da hörte! Jim hatte immer so stark gewirkt ... irgendwie unbesiegbar.

Jetzt zitterte Kristens Stimme zum ersten Mal. »Sie können leider nicht viel für ihn tun ... Er liegt auf der Intensivstation, und die Ärzte sagen, dass er die Nacht wohl nicht übersteht. Er ist nicht bei Bewusstsein, aber noch immer bei uns.«

Als ich aufgelegt hatte, blieb ich einfach neben dem Telefon stehen. Ich war wie betäubt. Wie konnte der Mann mit dem größten, stärksten Herzen, das ich kannte, eine Herzkrankheit haben? Das konnte ich einfach nicht begreifen. Ich wusste nur eins: Ich musste ihn noch einmal sehen! Ein letztes Mal ... Ich musste ihm das, was ich ihm in meinem Brief geschrieben hatte, persönlich sagen. Ich musste seine Hand halten und ihm sagen, dass ich ihn liebte – obwohl ich sicher war, dass er das wusste. Vielleicht hatte er meinen Brief ja gar nicht mehr bekommen ...

Schließlich schrieb ich Brian einen kurzen Zettel, ergriff meine Handtasche und fuhr direkt zum Flughafen.

Den ganzen Flug über schloss ich die Augen und konzentrierte mich auf Jim. Ich versuchte, seinen Herzschlag zu spüren und seinem Herzen die Stärke von meinem zu schicken. Ich bemühte mich mit aller Kraft, ruhig zu bleiben und ihn mit meinem Geist zu erreichen.

Vom Flughafen aus rief ich bei Jim zu Hause an. Kristen war am Apparat.

Sie sagte leise: »Fahren Sie nicht ins Krankenhaus, Ellie – kommen Sie bitte hierher!«

Mehr sagte sie nicht, und ich stellte ihr auch keine Fragen. Jetzt wusste ich es also! Und wusste es doch nicht. Es würde erst wahr sein, wenn es jemand ausgesprochen hatte – und bisher hatte es niemand gesagt. Daran klammerte ich mich, als das Taxi mich zu Jims Haus brachte.

Ich klingelte – Kristen kam an die Tür. Sie sagte kein einziges Wort, sondern umarmte mich nur und fing an, zu weinen. Da flossen auch bei mir die Tränen. Die Wahrheit war ausgesprochen worden – ohne Worte. Ich konnte es nicht fassen, nicht begreifen, doch ich wusste, dass Jim tot war.

Nach der Beerdigung kehrten wir ins Haus zurück. Es war voller Leute. Carolyn und Kristen unterhielten sich mit ihren Verwandten. Ich wusste nicht, was ich mit mir anfangen sollte. Ich kannte niemanden näher, und nach oberflächlicher Konversation war mir wirklich nicht zumute.

Deshalb ging ich den Flur entlang Richtung Bad. Dabei kam ich an Jims Arbeitszimmer vorbei – und wurde wie magisch angezogen. Es kam mir gar nicht in den Sinn, dass das Privatbereich war. Ich empfand nur ein ungeheuer starkes Bedürfnis nach dem Kontakt mit irgendetwas von Jim. Also ging ich zu seinem Schreibtisch, setzte mich auf seinen Stuhl und blickte lange aus dem Fenster. Ich fühlte mich so einsam ... In diesem Schreibtisch hatte Kristen Jims Nachruf gefunden – seine Vision für sein Leben. Als ich den Kopf senkte, sah ich ihn, noch offen, auf dem Schreibtisch liegen: meinen Brief. Es sah aus, als hätte Jim ihn gerade erst gelesen. Was für eine Erleichterung! Er hatte meinen Brief also bekommen, er wusste, was ich tat und dass ich meine Vision verwirklichte. Er hatte mich ein letztes Mal sagen hören, dass er etwas ganz Besonderes für mich war und mir sehr viel bedeutete. Ich nahm den Brief in die Hand und las ihn noch einmal – unendlich froh darüber, dass ich mir die Zeit genommen hatte, ihn zu schreiben, und dass Jim ihn vor seinem Tod noch hatte lesen können.

Unter meinem Brief lag ein anderes Blatt Papier, mit Notizen in Jims Schrift. Als ich sie las, wurde mir klar, dass sie für seine nächste Morgenbotschaft gedacht waren.

Auf dem Blatt stand:

- VOM ERFOLG ZUR BEDEUTSAMKEIT
- WENN MAN DAZU BEREIT IST, IST DER ZEITPUNKT GEKOMMEN, SEINER GEMEINDE ETWAS ZURÜCK-ZUGEBEN
- BEI DER VISION GEHT ES NICHT NUR UM UNS SELBST
- WIR SIND ALLE ZUSAMMEN AUF DIESER WELT

Ich konnte beinahe seine Stimme hören. »Guten Morgen euch allen! Hier ist Jim.« Und es schien mir, dass diese letzte Botschaft für mich bestimmt war. Als ich dort in der Stille seines Arbeitszimmers saß, sanken die Worte in mich ein; ich fing an, mir vorzustellen, was es bedeuten würde, meine Vision auf meine Gemeinde auszudehnen: andere zu lehren, wie stark eine Vision ist.

So nahm ich Abschied von Jim und dankte ihm für sein letztes Geschenk – für die Ermutigung, meine Reise fortzusetzen und zu erkennen, dass das Leben eine Reise ist, an deren Ende nicht der »Erfolg« steht.

# Epilog

Es ist das Merkmal wahrhaft visionärer Persönlichkeiten, dass ihre Vision nach ihrem Tod fortdauert. Martin Luther Kings Vision inspiriert noch immer viele von uns und weist uns die Richtung – und Jims Agentur blüht unter Kristens Führung weiter. Sie hat die Agentur weiterentwickelt – gewiss auch in Richtungen, die Jim vielleicht nicht alle gefallen hätten. Doch die zugrunde liegenden Werte sind geblieben. Und die Agentur ist noch immer eine Arbeitsstätte voller Energie, mit einer gemeinsamen Vision, der sich alle verpflichtet fühlen.

Vor kurzem wurde Jims Versicherungsagentur in einer bekannten Zeitschrift für Manager vorgestellt. Einer der dort Beschäftigten sagte in einem Interview:

> Wir gehören zu einer Branche, die viele Leute leidenschaftlich hassen. Unsere Kunden, die Kunden unserer Agentur, empfinden das jedoch ganz anders. Sie haben Achtung vor uns und bleiben uns wirklich treu. Die Fluktuation ist unglaublich niedrig, und wir sind immer weiter gewachsen. Wie ist das möglich? Wie können wir uns in dieser schwierigen Branche bewähren? Es liegt daran, dass jeder Einzelne von uns unsere Vision – unseren Zweck, unsere Werte und

unser Bild von der Zukunft – kennt und sich ihr verpflichtet fühlt. Das sind nicht bloß Worte auf einem Blatt Papier, das irgendwo abgelegt wurde! Unsere Vision gehört zu unseren täglichen Gesprächen und leitet uns in jedem einzelnen Augenblick. Wenn ein Fremder hereinkäme und fragen würde: »Weshalb existiert Ihre Firma?«, würde er von jedem die gleiche Antwort bekommen – von der Dame an der Rezeption über die Vertreter bis zum Wachmann. Und wenn er fragen würde: »Welchem Zweck dienen Sie?«, oder: »Von welchen Werten lassen Sie sich leiten?«, oder: »Wie sieht Ihr Bild von der Zukunft aus?«, würde ihm wieder jeder Einzelne in unserer Firma die gleiche Antwort geben.

Noch heute arbeite ich an meiner Vision, vom Erfolg zur Bedeutsamkeit zu gelangen. Ich habe festgestellt, dass unsere Vision sich, wenn wir uns mit voller Kraft auf sie zu bewegen, umso mehr ausdehnt, je näher wir ihr kommen. Meine eigene Vision umfasst jetzt die ganze Menschheit. Ich habe erkannt, dass wir alle auf der Erde zu einer Gemeinschaft gehören und dass jeder von uns Verantwortung für die Entwicklung einer gemeinsamen Vision übernehmen muss.

Ich habe gelernt, dass die Bilder in unserem Geist sich ungeheuer stark auf die Realitäten, die wir erschaffen, auswirken. Es bedrückt mich, dass es im Kino, im Fernsehen und sogar in den Computerspielen, mit denen die Kinder sich beschäftigen, so viele Bilder der Zerstörung gibt – und so wenig Bilder davon, wie der Frieden aussieht. Wenn ich Menschen bitte, mir den Weltfrieden zu beschreiben, benutzen die meisten vage Begriffe. Wie die Welt nach einem dritten Weltkrieg aussehen würde, können sie aber sehr anschaulich schildern. Ich habe an meinem Auto einen Aufkleber angebracht, auf dem steht: »Stellt euch den Weltfrieden vor!« Und ich nutze jede Möglichkeit, anderen zu helfen, positive Bilder von unserer Erde zu erschaffen.

Sich vom Erfolg zur Bedeutsamkeit zu bewegen bedeutet, zu verstehen, dass von unserer Vision jeder profitieren muss. Falls unsere Vision denjenigen, die kein Teil von ihr sind, keinen Nutzen bringt, darf sie ihnen zumindest keinen Schaden zufügen. Ich habe also ein weiteres Grundprinzip der Vision entdeckt:

SIE DARF NIEMANDEM SCHADEN.

Ich bin einmal gefragt worden, ob Hitler eine Vision hatte. Jetzt, da ich dieses letzte Grundprinzip verstehe, weiß ich, dass die Antwort *nein* lauten muss. Für diejenigen, die davon profitiert hätten, mag es wie eine Vision ausgesehen haben: Deutschland wieder zu einer Großmacht zu machen. Doch denjenigen, die das nicht einschloss, wurde Schaden zugefügt. Diese falsche Vision führte dazu, dass viele Menschen furchtbares Leid ertragen mussten.

Eine Vision muss auch die größere Gemeinschaft berücksichtigen, die von denjenigen, die sie teilen, berührt wird. Deshalb habe ich meine eigene Vision so erweitert, dass sie einen immer größeren Bereich einschließt. Und wenn sie sich noch weiter ausdehnt, werde ich darin neue Chancen erkennen – und den Mut haben, entsprechend zu handeln.

Dieses Buch habe ich geschrieben, um anderen zu helfen, die Kraft der Vision zu verstehen, und ihnen zu zeigen, wie sie eine Vision für ihre Firma, ihre Arbeit und ihr Leben entwickeln können.

Danke, Jim! Ihre Vision war es, *die Welt dadurch, dass Sie da waren, besser zu machen*. Das ist Ihnen gelungen, mein Freund! Und ich bewege mich weiter mit voller Kraft voraus.

# Dank

Wir möchten den folgenden Personen für ihre Unterstützung und ihre Beiträge danken:

Steven Piersanti, President des Berrett-Koehler-Verlags, für seinen Glauben an dieses Buch und seinen Rat.

Drea Zigarmi (Mitautorin von *Creating Your Organization's Future*), Marshall Sashkin und Joan Brandon, die Jesses frühe Gedanken während der Arbeit an ihrer Doktorarbeit beeinflussten und mithalfen, einige der hier präsentierten wichtigen Konzepte auszuarbeiten.

Jenen, denen wir bei ihrer Reise helfen durften, gilt außerdem unsere Bewunderung. Sie hatten den Mut und die Hartnäckigkeit, ihre Vision zur Realität zu machen. Besonders danken wir Jim Lorence von The Stanley Works, Nancy Maher von TJX und Dan Miglio von Southern New England Telephone, kühnen Führungspersönlichkeiten, mit denen wir längere Zeit zusammenarbeiten und die wir auf ihrem Weg beobachten durften. Dadurch haben wir mehr darüber erfahren, wie Visionen sich auswirken.

Chris Brunone, Steve Gottry, Marye Gail Harrison, Judd Hoekstra, Fay Kandarian, Gail Katz, Louise Klaber, Michele Kostin, Donna Mellen, Ros Melowicz, Barbara Rosen, Janice Rotchstein,

Judy Schlossberg und Rabbi Alan Ullman für ihr detailliertes und hilfreiches Feedback zu den ersten Fassungen dieses Buches.

Dottie Hamilt und Marsha Wilson, weil sie immer da waren, wenn wir Hilfe brauchten, und uns bei der Koordination der verschiedenen Arbeiten an diesem Buch zur Seite standen; Judy Albietz für ihre Unterstützung und ihren guten Rat; Joan Stoner für ihre Begeisterung und ihre Hilfe beim Redigieren.

Den folgenden Wegbereitern im Bereich der Vision und der Führung für ihre Forschungserkenntnisse: Peter Senge, Charles Kiefer und Peter Stroh für die Beschreibung visionärer Organisationen und das Konzept der strukturellen Integrität; Warren Bennis, Marshall Sashkin, Barry Posner und James Kouzes für ihre Studien zu den Charakteristika visionärer Führungspersönlichkeiten; Robert Fritz für seine genaue Erläuterung des Konzepts der kreativen Spannung; Mary Parker Follett für ihren Beitrag zum Gesetz der Beurteilung der gegenwärtigen Situation; Joanna Carver Colcord, Autorin von *Sea Language Comes Ashore*, für Informationen zu dem Ausdruck *mit voller Kraft voraus*.

Und schließlich auch unseren Familien: Jesses Mann Larry Zemel und den Kindern Michael und Noah – für ihre immer währende Liebe, Unterstützung und Ermutigung, vor allem in den vielen Stunden, als Jesse dieses Buch schrieb und daher nicht zu Hause war; und Kens Frau Margie, für ihre Klugheit, Liebe und Mitarbeit an der gemeinsamen Vision.

# Die Autoren

Ken Blanchard,

Mitbegründer und geistiger Führer der Ken Blanchard Companies und Chairman des Center for FaithWalk Leadership, ist Verfasser und Mitverfasser von über 30 Büchern, darunter einer der größten Bestseller aller Zeiten im Wirtschaftsbereich, *The One Minute Manager*, sowie *Raving Fans (Wie man Kunden begeistert)*, *Gung Ho! (auf Deutsch unter dem gleichen Titel erschienen)*, *Whale Done! (Von Walen lernen)* und *Empowerment Takes More Than a Minute (Management durch Empowerment)*, die ebenfalls große Erfolge waren. Bisher hat er zwölf Bestseller geschrieben, und insgesamt wurden über 13 Millionen Exemplare seiner Bücher in 25 Sprachen verkauft.

Außerdem war er an der Entwicklung von Situational Leadership II – einem der praktischsten, effektivsten und am häufigsten benutzten Führungsprogramme auf dem heutigen Markt – beteiligt. Er ist als Hauptsprecher bei Veranstaltungen sehr gefragt und hat bereits bei zahllosen Versammlungen von Firmen aus den Fortune 500 sowie vor Managern aus der ganzen Welt gesprochen.

Ken Blanchard ist bis heute Gastdozent und Trustee Emeritus an der Cornell University, wo er promovierte. Er wurde vielfach ausgezeichnet, unter anderem mit dem renommierten McFelly

Award des International Management Counsel, der ihn in eine Reihe mit Preisträgern wie W. Edwards Deming und Peter Drucker stellt.

Ken, seine Frau Marjorie und ihre beiden Kinder, Scott und Debbie, arbeiten alle bei den Ken Blanchard Companies, die ihren Sitz in San Diego (Kalifornien) haben.

Jesse Stoner,
President des Seapoint Center und beratende Gesellschafterin der Ken Blanchard Companies, ist eine angesehene und erfahrene Beraterin, Trainerin von Führungskräften und Autorin. In den letzten 20 Jahren konzentrierte sie sich vor allem darauf, Organisationen bei der Entwicklung einer gemeinsamen Vision zu helfen.

Sie hat Organisationen auf der ganzen Welt bei der Entwicklung einer klaren Vision und der Ermittlung von Strategien zu ihrer Umsetzung unterstützt. Außerdem arbeitet sie mit Einzelpersonen, die sich über ihre persönliche Vision klar werden wollen. Sie war schon in den verschiedensten Branchen tätig, vom Einzelhandel über Hotellerie, Gewerbe, Pharmazie, Gesundheitswesen, Regierung und Bildung bis zu gemeinnützigen Organisationen.

Jesse Stoner ist Mitautorin von *Creating Your Organization's Future*, einem Programm, durch das Teams eine gemeinsame Vision für sich als Team, ihre Abteilung oder ihre Organisation entwickeln können, und hat außerdem Trainingsmaterialien zur Teamarbeit sowie zahlreiche Artikel verfasst.

Sie hat höhere Grade in Psychologie und den Doktortitel in Organisationsentwicklung (University of Massachusetts). Mit ihrem Mann und den Kindern lebt sie in Connecticut.

# Unser Programm

## Die Ken Blanchard Companies

Die Ken Blanchard Companies sind einer der Weltführer in den Bereichen Lernen am Arbeitsplatz, Produktivität der Beschäftigten und Führungseffektivität. Die Firma, die auf den Prinzipien der Bücher von Ken Blanchard aufbaut, gilt als führend beim Einsatz von Führungsfertigkeiten und bei der Erkennung des Wertes von Menschen, um strategische Ziele zu erreichen. Sie hilft den Leuten nicht nur, zu lernen, sondern sorgt auch dafür, dass sie dann die Brücke zum Handeln überqueren.

Die Firma ermöglicht es Führungsteams, durch ein auf den Prinzipien von *Mit voller Kraft voraus!* basierendes Programm für ihre Firmeneinheit oder das ganze Unternehmen eine gemeinsame Vision zu entwickeln und die für ihre Umsetzung erforderlichen Strategien zu ermitteln. Außerdem bietet sie Seminare und eingehende Beratung in den Bereichen Teamarbeit, Kundendienst, Führung, Performance-Management und betriebliche Veränderungen an.

Mehr über *Mit voller Kraft voraus!*, andere Bücher von Ken Blanchard und weitere Angebote erfahren Sie auf der Website www.kenblanchard.com/fullsteamahead oder im E-Store unter www.kenblanchard.com/estore.

The Ken Blanchard Companies
125 State Place
USA – Escondido, CA 92029
Tel.: (800) 728 60 00 oder (760) 489 50 05
international: (760) 839 80 70; Fax: (760) 489 84 07

## Das Seapoint Center

Das von Jesse Stoner geführte Seapoint Center hilft allen interessierten Personen, eine klare Vision der von ihnen angestrebten Zukunft zu entwickeln, Quellen der Energie und Kraft zu entdecken und Prozesse in Gang zu setzen, die ihnen helfen, das berufliche und / oder Privatleben weiterzuentwickeln.

Angeboten wird auch Training für Manager, die lernen wollen, wie sich der Prozess der Entwicklung einer gemeinsamen Vision in ihrer Organisation erleichtern lässt. Dabei liegen die Schwerpunkte auf dem authentischen Einsatz der eigenen Person als Medium der Veränderung, der Entwicklung einer eigenen Vision, dem Prozess der Entwicklung einer gemeinsamen Vision in der Organisation und den Prinzipien für die Unterstützung der Reise von der Vision zur Realität.

Außerdem organisiert das Seapoint Center Intensivmeetings, bei denen eine große Gruppe oder eine ganze Organisation sich zu einem echten Dialog zusammenfindet, um ihre Zukunft zu definieren und wirkliche Probleme zu lösen.

Weitere Informationen finden Sie unter www.seapointcenter. com oder

Seapoint Center
Postfach 370053
USA – West Hartford, CT 06137-0053
Tel.: (860) 521 80 80

# Erschaffen Sie die Zukunft Ihrer Organisation!

## Field-Guide zu *Mit voller Kraft voraus!*

*Creating Your Organization's Future*
ist ein sehr effektives, ergebnisorientiertes Programm, das eine Gruppe durch die in *Mit voller Kraft voraus!* beschriebenen Schritte führt. Es soll Führungsteams dabei helfen, eine Vision für ihre Abteilung oder Organisation zu entwickeln und zu ermitteln, welche Strategien nötig sind, um sie in die Realität umzusetzen.

*1. Schritt: Entwicklung einer gemeinsamen Vision*
Einigung auf einen *wichtigen Zweck* und *klare Werte* für Ihr Team, Ihre Abteilung oder Organisation. Entwicklung eines *Bildes von der Zukunft*.

*2. Schritt: Ehrliche Beschreibung der gegenwärtigen Realität*
Vergleich der gegenwärtigen Realität mit Ihrer Vision. Ermittlung der Stärken und Schwächen Ihrer Organisation im Zusammenhang mit Ihrer Fähigkeit, Ihre Vision zu erreichen. *Festhalten an der Vision und Ehrlichkeit in Bezug auf die Beurteilung der Gegenwart.*

*3. Schritt: Strategien für die Vorwärtsbewegung*
Ermittlung der besten Möglichkeiten für große Sprünge nach vorn und der erforderlichen *Unterstützungsstrukturen*. Entwicklung von *Überbrückungsstrategien* zur Lenkung der Vorwärtsbewegung.

*4. Schritt: Plan für die Einbeziehung aller beteiligten Menschen*
Entwicklung eines Plans für die Einbeziehung Ihrer ganzen Abteilung oder Organisation in die Gestaltung der Vision, zur Ermittlung und Beseitigung von Hindernissen und zur Entwicklung spezifischer Aktionspläne: *wie man sie entwickelt* und *wie man sie vermittelt*.

*5. Schritt: Persönliche Verpflichtung*
Sich verpflichten, jetzt anzufangen, nach der Vision zu leben: *wie man nach ihr lebt*.

# TrainerPraxis

M. Bernecker / C. Gierke /
T. Hahn
**Akquise für Trainer,
Berater, Coachs**
160 Seiten
€ 29,90 (D) / sFr 52,20
ISBN 978-3-89749-544-9

Claudia Grötzebach (Hrsg.)
**Trainieren mit Herz und
Verstand**
160 Seiten
€ 24,90 (D) / sFr 43,70
ISBN 978-3-89749-596-8

Svenja Hofert
**Erfolgreiche Existenz-
gründung für Trainer,
Berater, Coachs**
128 Seiten
€ 29,90 (D) / sFr 52,20
ISBN 978-3-89749-635-4

Susanne Klein
**50 Praxistools für Trainer,
Berater, Coachs**
168 Seiten
€ 24,90 (D) / sFr 43,70
ISBN 978-3-89749-676-7

Rolf Meier
**Das Einzige, was stört,
sind die Teilnehmer**
168 Seiten
€ 29,90 (D) / sFr 52,20
ISBN 978-3-89749-677-4

Erich Ziegler
**Das australische Schwebholz**
160 Seiten
€ 24,90 (D) / sFr 43,70
ISBN 978-3-89749-597-5

Herbert J. Kellner
**Was Trainer können sollten**
168 Seiten
€ 29,90 (D) / sFr 52,20
ISBN 978-3-89749-543-2

Svenja Hofert
**Networking für Trainer,
Berater, Coachs**
160 Seiten
€ 29,90 (D) / sFr 52,20
ISBN 978-3-89749-739-9

7-048

Informationen über weitere Titel unseres Verlagsprogrammes erhalten Sie
in Ihrer Buchhandlung, unter info@gabal-verlag.de oder im GABAL Shop.

## www.gabal-verlag.de